新农村建设丛书

名优特蔬菜栽培技术

姚方杰　编著

吉林出版集团股份有限公司
吉林科学技术出版社

图书在版编目（CIP）数据

名优特蔬菜栽培技术/姚方杰编．—长春：吉林出版集团股份有限公司，2007.12

（新农村建设丛书）

ISBN 978-7-80762-058-7

Ⅰ．名… Ⅱ．姚… Ⅲ．蔬菜园艺 Ⅳ．S63

中国版本图书馆 CIP 数据核字（2007）第 187234 号

名优特蔬菜栽培技术

MING YOU TE SHUCAI ZAIPEI JISHU

编著　姚方杰

责任编辑　李　娇

出版发行　吉林出版集团股份有限公司　吉林科学技术出版社

印刷　三河市祥宏印务有限公司

2007 年 12 月第 1 版　　2019 年 8 月第 14 次印刷

开本　850×1168mm　1/32　　印张　4　字数　95 千

ISBN 978-7-80762-058-7　　定价　16.00 元

社址　长春市人民大街 4646 号　　邮编　130021

电话　0431－85661172　　传真　0431－85618721

电子邮箱　xnc 408@163.com

《新农村建设丛书》编委会

出版说明

《新农村建设丛书》是一套针对"农家书屋""阳光工程""春风工程"专门编写的丛书,是吉林出版集团组织多家科研院所及千余位农业专家和涉农学科学者倾力打造的精品工程。

丛书内容编写突出科学性、实用性和通俗性,开本、装帧、定价强调适合农村特点,做到让农民买得起,看得懂,用得上。希望本书能够成为一套社会主义新农村建设的指导用书,成为一套指导农民增产增收、脱贫致富、提高自身文化素质、更新观念的学习资料,成为农民的良师益友。

目　　录

第一章　概　　述

蔬菜是人们日常生活中不可缺少的副食品之一，也是农业生产的重要组成部分。随着改革开放的深入，对外交流与合作不断扩大，人民生活水平迅速提高，人们对蔬菜的品种与营养要求更高了，即从单一“够吃”的数量消费型向富营养、高品质、多样化、食疗保健的质量消费型转变。因此“菜篮子”里不但要有传统的大路菜，而且要有品种花色齐全的名、优、特、珍、稀蔬菜。这样不但能满足人们的营养要求，也适合人们猎奇、尝鲜的心理。同时，我国劳动力资源丰富，随着加入世界贸易组织，给蔬菜这种劳动密集型产品的开发带来了前所未有的机遇，使蔬菜栽培成为农村结构调整的生力军。蔬菜栽培集约化程度较高，传统的、粗放的栽培管理方式已经无法适应现代商业化生产的需要，必须掌握标准化、科学化的栽培管理方法，才能生产出绿色、无公害的蔬菜产品，参与国际市场竞争。

从 20 世纪 80 年代末到 90 年代初，在北方地区悄然却迅猛地掀起名、优、特蔬菜种植热，吉林省也从我国的南方和国外引进大量品种进行试栽。引种试栽的初期，产品主要供给大宾馆、大饭店，经济效益相当可观。近几年随着生产的发展，有些种类已经进入中小饭店及普通人家的餐桌，名、优、特蔬菜的生产也由“物以稀为贵”效益型转向“高产高效优质”效益型。

从国内外引进的大多数品种，所要求的生态环境各异，与吉林省气候条件差异很大，蔬菜生产者难于直接用于生产。为促进科技兴农，满足广大蔬菜生产者的迫切需要，从 1991 年开始对大量名、优、特蔬菜的品种特性、生长发育所需的环境条件及因地制宜的栽培管理技术等进行了系统的研究和生产实践，积累了丰富的经验。

通过多年的科研和生产实践发现，很多南方菜、外国菜对保护地的适应性较好。于是通过保护地、露地相配合，形成了具有吉林特色的排开播种、周年生产、周年供应的配套栽培技术。成功栽培的名、优、特菜，主要有菜心、芥蓝、西兰花、苦瓜、节瓜、蛇瓜、荷兰豆、刀豆、菜用大豆、莴苣、蕹菜、木耳菜、冬寒菜、苋菜、黄秋葵、叶用芥菜、荠菜、羽衣甘蓝、芦笋、食用百合、食用菊花、西芹、人参果等，并且每种菜都筛选出许多适合吉林省栽培的品种。

这些种类繁多的蔬菜，不但营养丰富，而且还具有食疗美容等作用，有些还直接入药使用，如蕹菜含有多种维生素、矿物质和微量元素等营养成分，其中维生素 A 和维生素 E 的含量均比番茄高，而且蕹菜性寒味甘，有清暑凉血、利尿解毒及促进食欲的作用。再如苦瓜中富含蛋白质、维生素等，其含量可比番茄高几倍，根、茎、叶、花、果均可入药，经常食用苦瓜，既清热解毒，又对皮炎、糖尿病等有一定的疗效。

名、优、特蔬菜的引种试栽及推广生产既丰富了人们的“菜篮子”，又增加了农民的收入，也为招商引资创造了良好的饮食文化氛围，促进饮食文化与世界接轨。

第二章　菜　　心

菜心又称广东菜薹、广东菜、菜花等，是菜薹的主类型。风味独特，质嫩味佳，是我国特产蔬菜，也是华南的主要蔬菜之一。在广东，常年运销香港、澳门等地，还有少量销往欧美，被视为名贵蔬菜。

吉林省从1991年由广州引进种子，进行试验栽培，由于菜心对温度、光照要求不严格，因此表现了极强的适应性，结合露地、保护地栽培，已经能够周年生产、周年供应。

第一节　菜心的类型和品种

一、主要类型

菜心按对温度的反应和栽培季节，可分为早熟种、中熟种和晚熟种。

（一）早熟种

这种类型的品种对温度反应敏感，发育速度快，比较耐热，在吉林省较适于夏、秋栽培。

（二）中熟种

中熟种比早熟种发育稍慢，在吉林省适宜四季栽培。

（三）晚熟种

该类型的品种对温度要求比较严格，发育迟缓，在吉林省以冬、春栽培为宜。

二、优良品种

吉林省气候条件与华南地区差别很大，引种试栽时，选择适宜的品种是菜心栽培优质高产的关键。根据试验和生产及销售情况，认为吉林省适宜采用早、中熟品种，个别晚熟品种也可以。

1. “四九”菜心　早熟种。株型紧凑，适于密植，侧薹较弱。生育期（从播种到收获）40～45 天，高温期 30～35 天。适于夏、秋季栽培；如果冬、春季栽培，抽薹过早，影响产量和菜薹品质。

2. “石牌油叶”菜心　早熟种。腋芽萌发力强，主侧薹兼收。生育期 38～48 天。适于冬、春季栽培；如果夏季栽培，菜薹容易空心，品质下降。

3. “青梗”菜心　中熟种。腋芽萌发力中等，主侧薹兼收，以主薹为主。生育期 50～55 天。适于四季栽培。

4. “2 号迟心”菜心　晚熟品种。腋芽萌发力强而且较早。主薹宜早收以利侧薹及早发育。生育期 55～60 天。适于冬、春季栽培；如果夏、秋季栽培，生长过旺，品质下降。

此外，“70 天”菜心、“三月青”菜心、“青柳叶”菜心、“迟心 29”菜心等品种在生产上也有应用。

第二节　菜心栽培季节和栽培方式

由于菜心的适应性较强，通过露地与保护地等栽培方式，一年四季都可以栽培。

一、露地栽培

在春、夏、秋 3 季，可以间隔 20 天左右排开播种，连续供应市场。春天当地温稳定在 4℃～5℃时，大约 4 月下旬以后就可露地播种或定植。秋茬可延续收到下霜。夏季炎热季节，菜心产量较低，品质下降。

二、保护地栽培

（一）大棚栽培

菜心在保护地内栽培产量、品质都优于露地，保护地内的温度、湿度条件更适于菜心的生长发育。一般单层越冬大棚从3月下旬到10月中旬均适于菜心的栽培。多层覆盖大棚从3月上中旬到11月上中旬均可栽培，为提早定植，一般第1茬在温室育苗，然后定植于棚中。

（二）温室栽培

在保温较好的日光温室中，若于严寒季节能进行短期临时加温，可以周年生产。如果不加温，菜心在日光温室栽培可从2月中下旬延至12月中下旬。

第三节　菜心露地栽培技术

一、春季早熟栽培技术

（一）培育壮苗

1. 适时播种　早春低温弱光，植株生长缓慢，宜用4～5片叶、苗龄30天的大苗。一般3月下旬在温室或温床内播种，每1000平方米育苗地用种量0.75～1.20千克，每平方米苗可供栽植约8平方米地。

若在温室内栽培床直接育苗，可每1000平方米撒施腐熟的圈粪、堆肥或垃圾等1500～2250千克，翻半锹深，将粪和土拌匀。为便于浇水，做成1.2米宽的低畦。将地整细刮平，开沟条播。行距16厘米，播幅8厘米左右，每畦4～5行，每平方米播种量为0.75～1.2克，均匀撒播后覆土1厘米，盖严种子，用喷壶浇透水。

如果用播种箱，可人工配制营养土，将过筛后的腐熟马粪、田土、大粪面按4∶5∶1的比例混拌均匀即可。

2. 苗期管理　水分管理是苗期管理的关键。出土前经常保持土壤湿润，以利种子吸水发芽；真叶出现前适当控水，避免下胚轴徒长形成“长脖苗”；真叶出现后防止过湿过干，干旱易引起过早抽薹。当幼苗长出一片真叶后要及时间苗，以保证足够的营养面积，将成簇的幼苗间开。苗期喷 1～2 次的0.2%～0.3%磷酸二氢钾肥水，有利壮苗。及时拔除杂草，避免发生草荒。

苗期的主要病害为猝倒病，主要虫害为蚜虫，可在病虫害发生前加强预防，发生后及时用药剂防治。

3. 壮苗标准　主根正常，须根多且白。基部节较短，叶片油绿无病虫害，植株挺实，叶片斜上举，苗龄 30 天以内。

（二）适时定植

1. 整地施肥　在头年秋翻的基础上，每 1000 平方米撒施腐熟的优质农家肥 2000 千克，翻土拌匀，做成 1.2 米宽低畦，整平耙细。

2. 定植密度　菜心的定植密度因品种、栽培季节而异。早熟品种宜密些，兼收侧薹的品种宜稀些。早春、盛夏抽薹较早宜密些，晚春、秋季生长量大宜稀些。一般 1.2 米畦栽植 8～10 行，株距 10 厘米以上。

3. 定植方法　选晴天无风的上午开沟栽植，人可蹲在横跨畦面的木板上栽苗。大、小苗分栽便于管理。栽苗后覆土要严、畦面整平，利于灌匀水。栽植深度以不埋子叶和生长点为宜，边栽边用喷壶浇透水。

（三）田间管理

菜心根系浅、叶面积大，对肥水要求严格。缓苗前保持土壤湿润，以后随生长量增多和外温升高加大灌水量，一般定植缓苗后，每周浇 1 次水，如遇雨可减少浇水次数。

在施足底肥的基础上，必须及时追施 2～3 次肥。第 1 次在缓苗后叶片进入迅速生长期；第 2 次是在现蕾之后；第 3 次是在主薹（兼收侧薹时）采收后。追肥后要立刻灌水。每 1000 平方米向行间地面撒施 25～30 千克硝酸铵、7.5～10 千克硫酸钾，尽量避免肥料附着在叶片上，追肥后用水喷洗植株以防烧苗。如果植株生长过旺，抽薹过晚，要减少追肥和灌水，促进抽薹。

主薹采收前除 1～2 次草。兼收侧薹时，主薹采收后除草 1

次，并清理老叶病叶。

缓苗后、现蕾时各松土1次，由于菜心栽植密度较大，因此要用特制的3指或5指小铁丝耙子划松表土，增强土壤的通透性。提高地温，促进根系生长。

菜心早熟栽培，病虫害发生较少，有时会有蚜虫发生，要及时防治。

（四）及时采收

采收是否及时对菜薹的产量和品质影响很大。采收过早，主薹过短，降低产量；采收过晚，花序已经散开，菜薹上带有细长的花枝甚至长角果，纤维含量增多即发柴，降低品质，可食性差。

当菜薹高及叶的先端，且已有3～5朵花初开时，即俗称“齐口花”，是采收的最佳时期。只收主薹的可留1～2片基叶采收；兼收侧薹的可留2～3片基叶采收。上市时，约每0.5千克捆1捆，基部切齐，留薹长25厘米左右。

二、露地排开播种栽培技术

（一）整地施肥

每1000平方米撒施腐熟的优质农家肥2000千克左右，翻进半锹深与土拌匀。整平耙细，做成1.2米宽的低畦，畦埂宽20厘米左右，畦面宽净剩1.0米左右。踩实畦埂，搂平畦面。

（二）适量播种

根据不同季节选择适宜的品种。从春到秋可分期播种，既可直播，也可以育苗移栽。

1. 直接播种　直接播种不用移栽，比较省工，抽薹较早。但苗期管理分散，不利于培育壮苗，苗间距离不易控制一致，菜薹较细弱，直播也比较费种子。夏季高温期生长量小，一般多采取直播的方式。

直播每1000平方米用种量为300～500克，1.2米宽的畦条播8行左右，早熟种宜密，晚熟种稀些。播种后覆土1厘米，刮平稍作镇压，用喷壶浇透水。

2. 育苗移栽　育苗移栽省种子，苗期集中管理有利于培育壮苗，但比直播费工。

分期在栽培畦播种育苗，每畦条播 4～5 行，播种量每平方米 1 克左右，播后覆匀土、浇透水。

（三）苗期管理

出土前保持土壤湿润，最好用稻草、无纺布等覆盖保湿，防止土堆板结，影响出苗。拱土出苗后及时撤除保湿物。

可用 25 天左右苗龄的 2 叶 1 心小苗定植。在 1 叶 1 心时间苗，2 叶 2 心时定苗，间拔下的苗也可定植用。

出苗后适当控水，避免徒长。及时拔除杂草，用小铁丝耙子在行间松土 1 次。注意防治蚜虫，进入夏季后，也常有黄条跳甲发生。

（四）定植或定苗

春季多用 3～4 片叶的大苗，夏、秋季节常用 2 叶 1 心的小苗定植。1.2 米宽的畦栽植 6～8 行，秋茬或晚熟品种密度稍小。开沟摆苗，株距 13～16 厘米，覆平土，用喷壶浇透水，水流不要过急，以免溅起土壤埋没生长点。

直播的在 2 叶 1 心时定苗，密度与育苗移栽的相似或略密，注意留拐子苗。定苗后及时喷水稳苗。

（五）田间管理

1. 缓苗期的管理　育苗移栽缓苗前经常保持土壤湿润。炎热季节一定要用无纺布、遮阳网、稻草等遮阴来促进缓苗。

2. 缓苗后的管理　当心叶见长时，证明已经缓苗，及时撤除遮阴物并浇 1 次缓苗水，表土干湿合适时松土 2 次，促发新根。

无论是育苗移栽的、还是直接播种的，当茎叶开始进入旺盛生长前追肥 1 次；现蕾时追肥 1 次；兼收侧薹的，主薹采收后立刻追肥 1 次。1000 平方米栽培面积每次追施硝酸铵 30 千克，均匀撒施于根际处，然后立刻灌水并喷洗叶片。随着外温的升高，加大灌水量，高温干旱会严重降低产品的质量和产量。

清除杂草，防治病虫害。主要的虫害有菜蚜、黄条跳甲、菜青虫等；主要病害有霜霉病。

（六）适时采收

菜薹采收以“齐口花”时为最佳；有些地方在未抽薹前整株采收“棵子菜”，也叫“菜秧”“小白菜”等。

第四节　菜心保护地栽培技术

一、菜心的塑料薄膜大棚栽培技术

（一）培育壮苗

菜心大棚栽培，为争取农时、提早上市、精细管理和选优去劣，以育苗移栽为好。

1. 苗龄　冬春低温弱光，植株生长缓慢，宜用具 4～5 片叶、30 天左右苗龄的大苗；夏秋高温长日照，大苗容易抽薹过早，宜用具 2 片叶、15～20 天苗龄的小苗定植。

2. 播种　为提早定植，第 1 茬菜心在温室中育苗，以后各茬次分期在大棚中用栽培畦播种育苗，每 20～25 天播种 1 次，保证能连续上市。

一般是 1.2 米畦宽幅条播，每畦 4～5 行，覆土 1 厘米，用喷壶浇透水。每平方米播种量 1 克左右，可供 6～8 平方米栽培畦定植。

3. 苗期管理　第 1 茬苗于 2 月下旬在温室内育苗，温光条件较差，幼苗容易徒长，加强光照管理，阴天或晚上适当降低温度。同时，低温弱光也易发生猝倒病，要加强防治。

以后各茬次育苗与春茬不同，直接在大棚内播种，随着外温的升高，苗期秧苗还不能覆盖地表。因此虽然苗期生长量不大，也要经常浇水保湿、降温。大棚内土壤水分调节完全靠人为浇水控制，要比露地浇水次数多，应小水勤浇。

在加强水分管理的同时，及时清除杂草、划松表土、促进根系的生长，还要注意防治蚜虫。定植前适当控水，通风降温，加强秧苗锻炼。

（二）适时定植

1. 整地施肥　提前1周全园施腐熟有机肥，每1000平方米3000～4000千克，均匀撒施磷酸二铵15～22千克。翻深15～20厘米与土拌匀，做成1.2米宽低畦。

2. 提早定植　早春第1茬，为提早上市，尽量提早定植。当棚内白天气温15℃以上，夜间最低气温稳定在3℃～5℃以上时即可定植。选晴天上午，1.2米畦栽6～8行，株距13～16厘米，覆土后保持畦面平整，便于以后灌水均匀。缓苗前保持土壤湿润，进入高温期栽苗后立刻遮阴，促进缓苗，避免烤苗。

起苗时要用移植铲松土后拔苗，不要直接硬拔。尽量使根系少受损伤，多带须根。随栽随起苗，保持秧苗水分。苗子起出时间过长，会失水而影响成活率。

（三）定植后的管理

早春定植后立刻挂上门帘，关闭大棚保温，促进缓苗。

进入4月下旬后逐渐通风降温，5月中旬后昼夜通大风，防止高温造成的先期抽薹和过湿造成的烂根现象发生。秋延后栽培到9月中下旬开始收缩通风口，进入10月上中旬，加强保温。

定植缓苗后至少追肥3次，即缓苗后、现蕾后、主薹采收后。撒肥后立刻灌水。灌水量随外温升高和通风量加大而增多，炎热季节3天左右浇1次水。

松土除草2～3次。高温高湿容易发生霜霉病。注意防治黄条跳甲、蚜虫和菜青虫等。在鼠害比较严重的地方，幼嫩的菜心有时会受到老鼠的危害，应该投药灭鼠。

（四）及时采收

春茬为提早上市，定植后1个月左右在“齐口花”时采收。夏茬生长量小、易空心，也应适当早收。秋茬菜薹品质较好，相对耐老化，可尽量晚收，既增加产量，又可以提高经济效益。一般只收一茬主薹，每平方米产量 2 千克以上。

二、菜心的日光温室栽培技术

（一）培育壮苗

温室栽培投入较大，生产中很少直播，多进行育苗移栽，这样能提前上市优质高产的菜薹。第 1 茬日光温室栽培的菜心在加温温室内育苗，可以参照“春茬大棚菜心育苗”。但由于育苗是在低温弱光的 1 月中下旬至 2 月中下旬，因此为防止猝倒病的发生，可以进行无土育苗，也可以用营养土育苗。其他茬次可在栽培畦内分期播种育苗。

1. 无土育苗　使用较多的基质为沙砾、沸腾炉灰渣等。用自制的木板育苗箱或秫秸箱或专用的塑料育苗箱，约长 50 厘米、宽 30 厘米、高 5 厘米。在育苗箱内铺 3～5 厘米厚的基质，整平待播。

在温室温度、光照较好的地方搭架床放置育苗箱，或在栽培畦内铺农用电热线做成电热温床放育苗箱，以便提高地温，培育壮苗。

将育苗箱中的基质浇透水后撒播菜心种子，每平方米均匀撒播种子 3～5 克，育 3～4 片叶的大苗宜稀些，育 2 叶 1 心的小苗宜密些。播后覆基质厚 0.5～1.0 厘米，盖上报纸保湿。

幼苗出土前保持湿润，25℃左右温度下 3 天即可出苗。出苗后及时揭去报纸，降低温度，白天 20℃、夜间 25℃。子叶展平前控水防止“长脖苗”。子叶展平后，要及时浇灌营养液并保证充足的光照，过于密集时适当间苗。

营养液自行配制，在1000千克水中，加入尿素 400～500 克、磷酸二氢钾 400～500 克；或者1000千克水中，加入硝酸铵600～700 克、磷酸二氢钾 400～500 克。浇完营养液，用清水喷洗 1 遍幼苗，以免烧苗。一般每周浇 2～3 次营养液。

定植前逐渐控水降温，适当炼苗。

2. 营养土育苗　将无蔬菜病虫害污染的田土、腐熟马粪、草炭、炉灰渣等过筛，取田土4份、腐熟马粪3份、草炭2份、炉灰渣1份，充分混合均匀。再按每千克土加0.5克70%多菌灵配制药土，消毒营养土能有效地预防猝倒病等苗期常见病害。

消毒营养土配好后，铺入育苗箱内，厚度为5～8厘米。刮平后每平方米撒播菜心种子3～5克，覆土1厘米，用喷壶浇透水，盖上报纸保湿。一般每平方米苗床供7平方米栽培床用苗。

营养土育苗比无土育苗保湿性强，浇水次数少。育苗箱放在架床上或电热温床上。

（二）适时定植

1. 日光温室的准备　早春第1茬菜心栽培和最后1茬秋延后栽培时，外温较低，日光温室要加强保温。头年秋天后墙上好防寒土，前边挖好防寒沟，温室外加盖纸被、草苫，温室内后墙张挂反光幕等。

2. 整地施肥　早春地温低，大量浇定植水会使地温进一步降低，因此可在整地前灌1次透水，待土壤干湿合适时施足基肥、整地作畦，有利于保墒，能适当减少定植水的量。

3. 合理密植　早春第1茬菜心生长量不大，可适当密植。选择根多壮实的秧苗，让根系舒展地栽于定植沟中，覆土后浇透水。

（三）定植后的管理

1. 保温管理　早春第1茬菜心定植初期密闭保温，促进缓苗，白天保持25℃左右、夜间12℃以上。心叶开始见长后，适当降温防止徒长，白天20℃以上、夜间10℃左右，超过25℃开始通风降温，低于20℃闭风。草苫子、纸被在保温的基础上尽量早揭晚盖，增加室内光照。进入4月后，天气转暖，逐渐撤除草苫子和纸被，加大通风量，5月后可昼夜通大风。

秋茬到9月下旬后，逐渐减少通风量，当室内温度夜间达到8℃以下时，开始加盖草苫，进入11月再加一层纸被，严密保温，需要通风时，也只能开门或从后墙或后坡的通风口通小风。需换新塑料薄膜的，要在9月换完。

2. 肥水管理　由于第1茬正值温度低、光照弱的季节，因此灌水量不大。一般不浇缓苗水，待叶片进入迅速生长期，定植后10～15天，直接追肥灌水，以后现蕾期、主薹收完时追肥2次，追肥后立刻灌水。随着外温升高，灌水量逐渐增大。秋延后栽培后期随外温降低，灌水量又逐渐减少。

3. 其他管理　每次浇水后，土壤干湿合适时划松表土，有利提高地温。及时拔除杂草，注意防治蚜虫。

（四）及时采收

春茬生长量小，主薹早收早上市，促发侧薹，或收获“菜棵子”。一般秋延后栽培均兼收侧薹，则在基部留2～3叶割取主薹。留叶过多，侧薹发生多纤细，降低商品性。

第五节　菜心病虫害防治

一、猝倒病

猝倒病又称绵腐病、卡脖子、小脚瘟等。是苗期经常发生的一种病害，严重时幼苗成片死亡，甚至全部毁苗。吉林省各地均有发生。

1. 症状　发病初期，幼苗茎基部呈水浸状斑，淡褐色病斑迅速绕茎发展，病部缢缩成线状，使幼苗青绿而折倒，故称猝倒病。苗床湿度大时，病株附近表土会出现一层白色棉絮状菌丝。

2. 发病条件　幼苗期遇连阴天光照不足，湿度过大、土温过低、播种密度过大及分苗过晚等都容易引起猝倒病大发生。

3. 防治方法　首先要通过各种有效措施避免猝倒病容易发生的条件；播种时使用药土下铺上盖加以预防，药土用50%多菌灵可湿性粉剂8～10克、加拌0.5～1.5千克细土配制而成。

其次，一旦发病立刻喷药防治，常用的药剂有75%百菌清可湿性粉剂600倍液、64%杀毒矾可湿性粉剂500倍液、25%甲霜灵可湿性粉剂800倍液等，每隔7～10天喷1次，共喷2～3次。药要喷雾均匀，重点喷洒幼苗嫩茎及发病中心附近表土。

严重发病区可以用上述药剂对水50～60倍，拌适量细土面或细沙在苗床内均匀撒施一层，撒药后抖落叶片上的药土。

二、霜霉病

1. 症状　一般先从植株下部或外部叶片上发病，呈淡黄色病斑。潮湿时，叶背病斑处产生白色霜层，后期病斑呈褐色干枯。

2. 发病条件　温暖潮湿的环境条件有利于病害发生。

3. 防治方法　使用抗病品种，并进行2～3年的轮作。降低土壤湿度和空气湿度，清除残枝败叶。一旦发病及时喷药防治，可用25%瑞毒霉可湿性粉剂500倍液，或58%甲霜灵锰锌可湿性粉剂500倍液。在棚室栽培中使用55%百菌清烟剂片熏烟，每平方米0.2～0.3克，即2～3片放1处，2～3米放1堆，点燃后人立刻出去，闷棚2～3小时，隔1周1次，连熏4～5次。

三、菜蚜

菜蚜又称腻虫、蜜虫等，是十字花科蔬菜蚜虫的总称，全国各地均有发生。

1. 发病条件　干旱年份或邻近虫源和窝风地块及温室、大棚发生较重，菜蚜繁殖的最适温度为16℃～22℃、相对空气湿度75%以下。大雨对蚜虫有冲刷作用。有翅蚜有趋黄光、避银灰色光的特性。

2. 为害症状　蚜虫主要群集在叶背、嫩茎和嫩尖吸食汁液、分泌蜜露，使叶片卷缩、菜秧生长停止，叶片干枯以至整株死亡。蚜虫更是病毒的传播者。

3. 防治方法　做好田园清洁工作，及时清理残枝败叶并深埋或燃烧，减少蚜源。在苗床、田间铺、挂银灰色反光膜驱蚜；用黄板涂机油插于田间诱杀蚜虫。经常巡视田间，发现蚜虫及时喷药防治，杀死于点片阶段。经常使用的药剂有50%抗蚜威，每

1000平方米用15～20克、对水2000～3000倍液喷雾，抗蚜威防蚜有特效，并能保护多种天敌。或喷洒50%马拉硫磷乳油1000～2000倍液，或20%二嗪农乳油1500倍液，或40%乐果乳油1000～1500倍液。

保护地菜蚜可以选用省工省力的22%敌敌畏烟剂，每1000平方米0.75千克，在傍晚闭棚熏烟。

四、菜青虫

菜青虫是菜粉蝶的幼虫，菜粉蝶又称白粉蝶或菜白蝶。

1. 发生条件　春秋两季发生较重，高温雨季不利生育和成活。菜青虫属于寡食性害虫，主要以十字花科蔬菜为食，只要气温适宜，在十字花科蔬菜上发生较重。

2. 为害症状　菜青虫开始在叶背取食，老熟后将叶子吃成网状缺刻，严重时只剩丝丝络络的叶脉。菜青虫粪便污染菜心易引起腐烂。

3. 防治方法　注意清理田园卫生，清除残枝败叶。发现菜粉蝶立刻喷药防治，每周喷雾1次，连喷2～3次。主要药剂有：90%美曲膦酯1000～1500倍液，或80%敌敌畏1000～1500倍液，或辛硫磷1000倍液。

第三章 芥 蓝

芥蓝别名白花芥蓝，是十字花科甘蓝类蔬菜。在广州有着悠久的栽培历史，是我国的特产蔬菜，以柔嫩、肉质的花薹供食。风味鲜美，脆甜爽口，营养丰富，深受国内外人士的欢迎，被视为高档蔬菜。为华南地区的秋、冬主要蔬菜之一，并大量运往香港、澳门等地。

芥蓝抗性强、栽培容易，露地、保护地均可栽培，经济效益较高。在吉林省结合保护地生产已达到周年生产、周年供应。

第一节 芥蓝的类型和品种

一、主要类型

我国的芥蓝，包括白花芥蓝和黄花芥蓝两种。栽培比较普遍的是白花芥蓝，分为早熟种、中熟种与晚熟种。

（一）早熟种

早熟种比较耐热，在较高温度下发育较快，容易抽薹开花。在吉林省四季均可栽培，但以秋季效果最好。

（二）中熟种

中熟种介于早熟种与晚熟种之间，耐热性不如早熟种，对低温的适应性不如晚熟种。在吉林省四季均适宜栽培。

（三）晚熟种

晚熟种不耐热，在吉林省表现不佳，株簇较大，迟迟不抽薹，生产上很少栽培。

二、优良品种

1. 香港白花　早熟种。株型紧凑。叶片椭圆形、绿色，叶面稍皱缩、蜡粉多。白花。侧薹萌发力强。主茎 20～25 厘米长、2～3 厘米粗，重 100 克。花薹品质好。这个早熟品种在生产中表现非常好。

2. 广东中花　中熟种。叶片卵形，蜡粉中等。白花。侧薹发生能力较强。主蔓高 35～38 厘米，茎粗 2～2.5 厘米。产量较高。

3. 台湾中花　中熟种。叶片卵圆形，蜡粉中等。白花。侧薹发生中等。主薹高 30～35 厘米、茎粗 2.5～3.0 厘米，重 100～200 克。薹形美观，品质好。

4. 60 天登峰　中熟种。叶片椭圆形、绿色。栽培前期生长缓慢。白花。侧薹中等。主茎高 30～35 厘米、粗 2～2.5 厘米，重 100～150 克。

5. 香港中花　中熟种。叶片椭圆形，绿色。白花。侧薹萌发中等。主薹高 30 厘米、粗 2～3 厘米。品质好。

以上介绍的品种都经过研究、生产检验，比较适合在吉林省栽培，但一般实际生产的薹粗均比各品种细些。

第二节　芥蓝栽培季节和栽培方式

芥蓝在吉林省既适宜露地栽培，又适合保护地栽培。保护地栽培的芥蓝品质、产量均优于露地。

一、露地栽培

露地栽培从 4 月中下旬至 10 月初均可栽培，但主茬为春、秋两作，以秋作长势最好。夏季产量较低，易提前抽薹。

一般春季第 1 茬在温室或温床中育苗，苗龄 40 多天，用 5 片叶大苗下地，能提早上市。其他茬次可在大棚或露地的栽培畦育苗后移栽，也可以直播，直播抽薹早、菜薹细弱。

秋季最后 1 茬进入 8 月以前必须定植完毕，选用兼收侧薹的品种，提前 25 天育苗。可持续收获到 9 月下旬。

二、保护地栽培

在多层覆盖的日光温室中，2 月中旬至 12 月下旬皆可进行芥蓝栽培，如果在最冷的 1～2 月能临时生火加温，可进行周年生产、周年供应。冬茬产量比较低，但价格比较高。日光温室秋冬季节能生产芥蓝的时间很长，如果育苗移栽，从 8 月至 12 月可生产 2 茬。

芥蓝在越冬的单层塑料薄膜大棚中，从 3 月中下旬至 10 月中下旬可多作栽培。如果是多层覆盖塑料薄膜大棚，能提前到 3 月上中旬，延后到 11 月中旬。

第三节　芥蓝露地栽培技术

一、春季早熟栽培

（一）培育壮苗

1. 适时播种　在温室的地床或温床中，铺好 5～8 厘米厚的营养土（营养土配制方法参照菜心），均匀撒播，覆土 1 厘米，用喷壶浇透水。

一般每1000平方米栽培田用种量 130 克左右，育苗面积 150 平方米左右。

2. 苗期管理　出苗前保持土壤湿润和较高的温度，促进出苗。出苗后适当降温控水，防止下胚轴徒长。

2 片真叶时分苗，株行距为 6 厘米×6 厘米。分苗时选无病壮苗移栽，手捏苗不要过重。浇透水，加强保温促进缓苗。分苗缓苗后降温控水，防止徒长，但注意蹲苗不能过分。如果幼苗叶薄、黄绿，表现缺肥状时，用 2%磷酸二氢钾叶面喷施。当叶片颜色深且无光泽表示已经缺水，立刻浇水。

随着外温的升高，逐渐加大通风量。当定植前 1 周左右，通大风降温，同时控制水分，温床育苗的在晴天可全揭开晒苗。充分锻炼的秧苗，对春季变化剧烈的定植环境有较强的适应性。

育苗期间注意拔除杂草和防治蚜虫。温室或温床的草苫等保温覆盖物要揭盖及时。

3. 壮苗标准　节间较短，茎较粗，叶片肥厚、蜡粉中等，长势强而敦实，苗龄 40 多天，5 片真叶，根系发达。

（二）适时定植

1. 整地施肥　选用前作不是十字花科蔬菜的地块，每1000平方米撒施优质农家肥3000千克左右和磷酸二铵 35 千克。深翻 20 厘米，将肥和土拌匀。

如果墒情较差，整地前浇 1 次水，待干湿合适时再整地。一般做成宽 1.2 米或 1.0 米的低畦，畦面耙平整细。

2. 适时定植　选 4 月下旬晴朗无风的上午进行定植。若定植后扣小棚，可提前到 4 月中旬。用移植铲开浅沟摆苗，先取少量土盖根稳苗，用水瓢等容器浇过沟水后覆平土，这样能避免过分降低地温，并且具有保墒的作用。

一般 1.2 米宽的畦栽 6 行，1.0 米宽的畦栽 4 行，株距 15 厘米。中晚熟品种稀些，兼收侧薹的稀些。起苗前 1 天浇透水，选优质壮苗分级定植。

（三）田间管理

1. 肥水管理　芥蓝对肥水要求比较严格，缺肥缺水，叶片生长量大幅度减少，抽薹提前，既降低产量，又影响品质。

缓苗前保持土壤湿润，促发新根，尽快缓苗。缓苗后浇 1 次缓苗水并经常中耕，提高地温，促进根系的发育。

当彻底缓苗、叶片见长时，每1000平方米撒施 30 千克左右硝酸铵，施肥后立刻灌水。大部分植株现蕾后第 2 次追肥，以加速菜薹生长，提高产量、增加品质。一般芥蓝栽培多兼收侧薹，为促发侧薹，主薹采收后连续追肥 2 次。

缓苗水之后，根据天气状况和雨量，适当浇水，避免土壤干燥。菜薹形成期需水量更大。如果芥蓝叶片鲜绿有光泽，蜡粉较少，则水分充足；如果叶片小且暗淡无色，蜡粉多，则缺水。

2. 其他管理　根据植株的生长状况，适当培土防止倒伏，而且芥蓝不定根发生能力强，培土能促发不定根，增大吸收面积。

拔除杂草，及时防治蚜虫、小菜蛾。雨量较大时，主薹收获后易于伤口处感染细菌性软腐病，要加强治疗和预防。

在主薹采收后，清除老叶、病叶，主薹采收留茬过高的，可剪掉一截，留 3～5 片叶发侧薹。

（四）及时采收

芥蓝“齐口花”时，采收最适宜。主菜薹采收时，基部留3～5片叶用刀割收或用剪刀剪收。基部留叶较多，形成的侧薹多，但比较细弱；如果基叶留得过少，侧薹少，总产量过低。

侧薹比较健壮者，采收时在其基部留 1～2 片叶，可以形成次侧薹。每1000平方米产量1500千克左右。

二、秋季延后栽培技术

（一）整地施肥

最好选择前作不是十字花科蔬菜的地块，以早豆角作前茬为宜。每1000平方米施优质农家肥4000千克左右、磷酸二铵 40 千克。清理田园卫生，将前作的残枝败叶清除干净。

深翻 20～25 厘米，做成 1.2 米宽的低畦，打碎大土块，搂平畦面。

（二）适时播种

直播或育苗均可。育苗有利于集中管理，培育壮苗，定植后长势旺，有后劲，能延长采收期，增加产量。可以直接在大棚或露地的栽培畦播种育苗。开沟条播，每平方米播种 4～5 克，覆土 1 厘米，浇透水后盖稻草或无纺布等保湿降温。

播种时间约为 7 月上旬，苗龄 20 多天。播种过晚，采收期过短，降低产量。

（三）苗期管理

1. 出苗前管理　出苗前经常喷水确保出苗。保湿物贴地面，易暗藏昆虫，要注意察看，喷药防治，或只在炎热中午覆盖。

2. 出苗后管理　出苗后间开较密的幼苗，拿掉保湿物。拔除杂草，不要缺水。如果有条件，最好避雨育苗，否则暴雨冲击时对小苗成活率影响很大。雨量过大时，注意排水。

如果雨量小，比较容易受黄条跳甲为害，及时喷药防治。

（四）适时定植或定苗

1. 定苗　直播的 2 叶 1 心时定苗。间拔的苗可以选健壮者移栽。1.2 米畦 5 行，株距 15 厘米，尽量留拐子苗，增大生长空间。定苗后立刻浇水稳苗。

2. 定植　选优质健壮的 3～4 叶幼苗定植，1.2 米畦 5 行，株距 20 厘米，浇透水后遮阴保苗。

（五）田间管理

秋天是芥蓝生长发育最适宜的季节，加强田间管理，以获得理想的产量和经济效益。

1. 水肥管理　芥蓝栽培中的水、肥管理是丰产的关键。缓苗后及时撤遮阴物、浇缓苗水。缓苗水后叶片明显见长，立刻追肥来满足叶片迅速生长的需要。现蕾后，主薹采收后、侧薹大量发生时再各追肥 1 次，追肥后立刻浇水。每1000平方米追施硝酸铵 35 千克左右。现蕾后叶面喷洒 0.2％磷酸二氢钾溶液，对增进菜薹质量、提高产量有较好作用。加强追肥灌水的同时，注意排水防涝。

2. 其他管理　缓苗后松土 2 次，植株抽薹后培土 2 次，以避免倒伏并促发不定根。及时拔除杂草，加强病虫害防治，雨季比较易患细菌性软腐病。

（六）及时采收

“齐口花”后立刻割收，基部留 3～5 片叶以发侧薹，侧薹生长 20 多天、花蕾即将开放时及时采收。弱的侧薹一次性收获。秋季兼收侧薹采收期长达 40 天左右，每1000平方米产量为2000千克左右。

第四节　芥蓝保护地栽培技术

一、芥蓝的大棚栽培技术

（一）培育壮苗

1. 提前播种　芥蓝早春第1茬在温室中育苗，2月中下旬在温室地床内播种。或在播种盘中播种，1叶1心时分苗于温室地床中，培育4～5片叶，35～40天大龄苗。以后每隔25天左右在大棚中分期播种育苗，宜用2叶1心小苗。

2. 苗期管理　早春第1茬苗的苗期光照条件较弱，要加强管理，避免徒长，培育壮苗。出苗期白天温度保持在25℃～28℃，夜间18℃左右，超过30℃短暂通风降温。出苗后白天降为20℃～25℃，夜间12℃～15℃。定植前可降至5℃左右。

早春第1茬苗前期地温较低，适当控制灌水以免降低地温不旱不浇。但当幼苗暗淡无光、蜡粉增多时应立刻喷水，过分缺水提早抽薹。苗期松土两次，叶面喷施0.2%磷酸二氢钾两次。尽量给以充分的光照条件。间开较密集的幼苗。

以后在大棚内分期播种的秧苗，由于外温逐渐升高，浇水次数逐渐增多，经常保持土壤湿润。苗期注意防治猝倒病、蚜虫及黄条跳甲。

（二）适时定植

1. 整地施肥　提前整地施肥，并清理前茬的残枝败叶。1000平方米撒施腐熟马粪等优质农家肥3500～5000千克、磷酸二铵20～25千克。翻入半锹深，整细耙平，做成1.2米宽的高畦，畦面净剩1米。

2. 提早定植　早春第1茬尽量早栽早上市，当3月中下旬棚内最低温达5℃左右时即可定植。选节间短的优质壮苗，1.2米宽的畦栽6行，株距15～20厘米，浇透水，闭棚保温。

其他茬次定植时，外温逐渐升高，进入炎热季节，定植后要立刻遮阴，促进缓苗，避免烤苗。秋茬定植密度小些，每畦栽5～6行，株距20厘米左右。

（三）定植后管理

1. 通风换气管理　早春第1茬定植缓苗后一般不通风，若超过30℃适当开门通风降温。缓苗后仍以保温促根为主，白天20℃～25℃、夜间12℃～15℃为宜。进入4月下旬，外温越来越高，逐渐加大通风量，至5月中旬后即可昼夜通大风降温排湿。

过立秋后外温逐渐降低，到9月中下旬逐渐收缩通风口。进入10月中旬开始加强保温，湿度过大时偶尔通小风降湿。

2. 中耕除草管理　定植缓苗后即进行松土除草，封垄前松土两次。以后有大草用手拔除。

3. 追肥灌水管理　缓苗后立刻追肥灌水，1000平方米随水追施硝酸铵30千克左右，现蕾后及主薹采收后进行第2次、第3次追肥，用35～40千克硝酸铵或20千克左右尿素，再增施15千克硫酸钾。

应经常保持土壤湿润，每周浇水1次，但早春和晚秋湿度不宜过大。一般田间相对湿度经常保持在80%～90%为宜。并加强病虫害的防治。

（四）及时采收

定植后40天左右，以“齐口花”时采收为宜。春茬适当早收早上市，秋茬可根据市场需求适当延缓采收。最后一茬可一次性采收，带嫩叶的小菜薹可以连叶带薹食用。一般1000平方米产量4000千克左右。

二、芥蓝的日光温室栽培技术

（一）适时播种

日光温室第1茬如果育苗移栽，苗期正值严寒季节，地温较低，最好在电热温床上育苗，苗龄30～40天，这样育苗的成本也很高。

如果条件不具备，可于2月中下旬直接在日光温室播种，不行育苗。

日光温室栽培床直播，1.2 米宽的低畦播 6 行，要比育苗密度低 6 倍左右，1000平方米播种 150 克左右。

以后各茬可在温室播种育苗，温室定植。

（二）苗期管理

可参照大棚第 1 茬的育苗管理。当幼苗 1 叶 1 心时间苗，2 叶 1 心时定苗。间苗后喷水稳苗，定苗时留拐子苗，株距 15 厘米左右，间拔下的苗可移栽定植用。秋茬芥蓝生长量大，株距 20 厘米为宜。

（三）定苗后的管理

1. 通风换气管理　早春第 1 茬芥蓝定苗后，外温逐渐升高，进入 4 月逐渐撤除日光温室外面的保温物，加大通风量，5 月可以昼夜通风。

秋茬进入 9 月中下旬逐渐减少通风量。10 月下旬室内夜间温度降到 8℃以下时，开始加盖草苫。进入 11 月外温更低，再加一层纸被保温，即便需要通风降温排湿，也必须短时间通小风，白天保持 18℃～20℃、夜间 10℃～12℃有利于提高菜薹的产量和品质。

2. 追肥灌水管理　早春第 1 茬地温较低，抽薹前不旱不浇水，抽薹后外温逐渐升高，应经常保持土壤湿润。于定苗后、现蕾时、采收后各追肥 1 次，追肥后立刻灌水。炎热季节栽培勤浇水降温，缺水易先期抽薹，菜薹质量变劣、产量降低。秋末冬初减少灌水量，每次灌水后注意通风排湿，以免发病。一旦发病，及时防治。

3. 中耕除草　抽薹前中耕除草 2 次，并适当培土稳苗，促发侧根。

（四）及时采收

“齐口花”时及时割收上市。秋茬产量最高、质量最好，1000平方米3500～4000千克。炎热季节菜薹细弱易中空，产量较低，品质较差，但栽培期也较短。

第五节　芥蓝病虫害防治

芥蓝苗期易得猝倒病，采收主薹后的伤口处易发生软腐病，生长期间还要防治蚜虫、菜青虫、小菜蛾及霜霉病等。其中猝倒病、霜霉病、蚜虫、小菜蛾防治参照“菜心”章节有关内容。

一、软腐病

软腐病又称腐烂病，芥蓝刚引来时未见发生，这几年时有发生。

1. 症状　一般从菜薹采收后的切口处开始腐烂，分泌白色菌脓，有臭味。

2. 发病条件　低温潮湿、有伤口时易发病。

3. 防治方法　要选用抗病品种。深翻土地晒垡，减少病原菌。雨季加强排水，合理密植。防治病虫害，避免出现大量伤口。采收时用剪刀剪收，使切口倾斜平滑，防止伤口积水，而且尽量晴天采收，伤口可很快愈合或晒抽干。

经常巡视田间，一旦发病立刻拔除中心病株，全面喷施100～150克/千克的农用链霉素或“401”抗菌剂500～800倍液进行防治。

二、小菜蛾

小菜蛾又名吊丝鬼、扭腰虫等。

1. 为害状　成虫产卵于叶背，幼虫喜食幼嫩叶片，并于心叶吐丝结网。心叶被害后逐步黄化或叶片被啃食，仅残留上表皮成为透明斑块。

2. 防治方法

（1）避免连作　在小范围内避免十字花科蔬菜周年连作，将十字花科蔬菜不同熟期品种与其他蔬菜错开种植，或相隔一定距离，打断菜蛾的食物链。

（2）田间管理　秋菜收获后，及时清除田间残株落叶，或进行秋翻，消灭越冬虫源，压低春季虫口密度。

（3）生物防治　用杀螟杆菌 800～1000倍液喷杀。如用杀螟杆菌液与少量农药混合使用，杀虫更速效：用杀螟杆菌液、敌敌畏、水，按 1∶0.4∶800 倍液混用，施药后 48 小时，幼虫死亡率可达 98％。

（4）药剂防治　可选用 90％美曲膦酯1000倍液，或 25％溴氰菊酯乳油2500倍液等喷雾。用药 2 次，每1000平方米喷药液 75 千克。

第四章　青　花　菜

青花菜别名绿菜花、西兰花、意大利芥蓝、木立花椰菜、嫩茎花椰菜等，十字花科芸薹属甘蓝种的一个变种，1年生或2年生草本植物。原产地中海东部沿岸地区。19世纪末、20世纪初由日本等国传入中国。开始在东南沿海大城市郊区有少量栽培，近些年北方地区作为稀特蔬菜引种并获得成功。

青花菜主要食用肥嫩的花茎、短缩脆嫩的花枝及密集呈球状的花蕾。青花菜营养价值很高，尤其维生素、不饱和脂肪酸含量较高。青花菜色泽鲜艳，口感爽脆，独具风味，既可炒食，又可凉拌、配菜。我国栽培食用仅有十几年的历史，但种植面积逐年扩大。

第一节　青花菜的类型和品种

青花菜按其花球的颜色可分为青花与紫花两种类型，目前应用的品种多数属青花类。在生产上按熟期不同分为早熟、中熟、晚熟三大类，还可分出极早熟及中间类型的中早熟、中晚熟等。生产上应用最多的栽培品种是早熟品种、中早熟品种。

一、早熟品种

生长期在90天以下的称为极早熟品种，生长期在90～105天的称为早熟品种。生产上推广应用的品种主要有：

1. 加斯达　是从日本引进的极早熟品种。耐热、抗病力强，植株生长势旺盛，花球半圆球形，直径15厘米左右，深绿色，单球重450克。适宜于春、夏季露地栽培，株行距一般（40～

45）厘米×(50～60)厘米，1000平方米种植2500～3000株，以定植到采收约50天，每1000平方米产量约1000千克。

2. 里绿　从日本引进的早熟品种。抗病力及耐热性很强，耐寒力较差。适于春、秋季及晚春夏露地栽培。其植株较高，叶片开展度较小，侧枝发生能力弱，以采收主花球为主，生长势中等。花球紧密整齐，花蕾粒稍大，深绿色，单球重300～500克，生育期90天，定植后55～60天采收。因植株较直立，适于密植，株距40厘米，行距50厘米，1000平方米种植3500株，主花球产量每1000平方米约1000千克。

3. 玉冠　以日本引进一代杂交种。耐寒、耐热，抗病力强。植株生长势强，叶色深绿，花球大，花蕾粒较大，绿色，主花球重450克，侧花枝发生力强，收获主花球后，仍陆续收侧花球，采收期较长。株行距50厘米×50厘米。1000平方米种植2500株左右，从定植到初收50天。每1000平方米产1500～2500千克。

4. 绿彗星　从日本引进的早熟品种。株型直立，生长势很强，从播种到收获需90天左右，从定植到初收约50天。花球紧实，直径约17厘米，花蕾中型，平均单株重0.4千克，花球色浓绿，整齐度好，风味美，品质上等，耐贮藏，适宜春、夏季栽培。

5. 东京绿（宝冠）　由日本引进一代杂交种，是日本关东地区的主栽品种。生育期95天左右，从定植到初收约65天。植株中等，株型紧凑，分枝力极强，早期生长势较旺，是顶、侧花球兼用种。花球半圆形，直径14厘米左右，花茎短，花蕾层厚，细密紧实，颗粒中等大小，浓绿色，品质优良。顶花球单重0.4千克左右。抗病性、耐热性、耐寒性均强，适应性强，既可早春和夏秋季露地栽培，也适合日光温室和大棚等保护地栽培。一般1000平方米可产1300千克以上，适宜鲜销或速冻加工。

6. 宝石　由美国引进一代杂交种。从播种到采收约98天，定植到初收约65天。植株中等大小，株型紧凑，生长势强。花球中等大，平均单球重 0.4 千克，花蕾较紧实，蓝绿色，花球外形整齐、美观。植株侧芽较多，主花球采收后可陆续采收侧花球，可延长收获期。一般每1000平方米产1200～1400千克。

7. 青绿　由日本引进的早熟品种，生育期 95～100 天。植株半直立，生长旺盛，侧枝发生中等，为顶侧花球兼用种。花球半圆形，直径 14 厘米左右，整齐一致，花蕾层厚，颗粒细密紧实，浓绿色，品质优良，单球重 0.4～0.5 千克。

二、中熟品种

一般将生育期在 105～120 天的品种称为中熟品种，又可分为中早熟、中熟种和中晚熟 3 个类型。

（一）中早熟类型的优质品种

1. 绿岭　从日本引进一代优良杂交种，是目前长春市的主栽品种之一。适应性广，耐寒，可春、秋露地栽培和冬季早春保护地栽培。生长势强，植株较大，叶色较深绿，侧枝生长量中等，花球紧密而大、整齐，花蕾小，绿色，外观好。单球重300～600克，品质好。主花球每1000平方米产1000～1500千克。生育期100～105 天。定植至采收冬、春保护地 45～60 天，春、秋露地60～80 天。株行距 45 厘米×60 厘米或 50 厘米×50 厘米。1000平方米种植3300株左右。

2. 哈依姿　近年从日本引进的中早熟品种。耐热、耐寒性均强，栽培适应性广。除在春、夏露地和秋、冬保护地栽培外，还可以进行晚春、早夏露地。生长势强，侧花枝发生多。主花球半圆球形，直径约 16 厘米，花蕾粒小，紧凑，鲜绿色（比绿岭色浅，略带黄绿色），单球重约 450 克。株行距（40～45）厘米×（45～50）厘米。每1000平方米种植4000～4500株。主花球产量每1000平方米约1000千克。秋、冬季保护地栽培采收主花球后，要继续追施速效氮肥，可采收侧花球至 3 月下旬。该品种是调剂早春市场绿菜花淡季的优良品种，但不耐贮存，在高温下花球易松散。

（二）中熟类型品种

1. 碧杉　是北京蔬菜研究中心培育的杂交种一代。抗逆性强，生长势强，植株半直立，花球紧密，花蕾小，绿色，露地种植。主花球重约 360 克，每1000平方米约产1250千克。大棚种植主花球重 450 克，每1000平方米约产1350千克。定植后 60 天左右收获，株行距（40～50）厘米×50 厘米。每1000平方米种植3600～3900株。

2. 中青 2 号　中国农业科学院蔬菜花卉研究所育成的一代杂种。中熟，春季定植后 55 天可开始收获，秋季定植后 60～70 天可采收。株高 43 厘米左右，外叶 15～17 片，叶片长大，绿色，叶面蜡粉较多。花球圆形，花蕾细小排列紧密，浓绿色。春季栽培主花球重 0.35 千克，秋季栽培主花球重可达 0.5 千克以上。该品种对病毒病和黑腐病有较强的抗性。

（三）中、晚熟类型的品种

1. 绿皇　由日本引进的杂种一代绿菜花。耐热性、适应性强，可春、秋季露地栽培。植株较直立、粗壮，生长势强，侧芽发生少，花球大，一般花球直径达 25 厘米，紧凑，蕾粒均匀，花枝较长，单球重 500 克左右。定植后 60～65 天采收，成熟一致。株行距 45 厘米×50 厘米，每1000平方米种植2500～3000株。主花球每1000平方米约产1300千克。

2. 斯力梅　由日本引进的中晚熟种。耐寒性强，适合春、夏季露地栽培和冬季保护地栽培。植株生长势旺盛，侧枝发生性中等，主茎粗壮，花球肉厚呈半圆形，花薹细小而整齐，异常球少，商品率高，单球重 400 克。株行距 50 厘米×（50～60）厘米，每1000平方米种植3000～3500株，定植后约 80 天开始采收顶花球。主花球每1000平方米产1000～1500千克。

在这些优良品种中，吉林省栽培最多的是里绿、东京绿、青绿、绿岭、哈依姿、绿皇等。

第二节 青花菜栽培季节和栽培方式

青花菜在吉林省一般进行春、夏、秋露地栽培，春、秋季在大棚栽培，冬季在温室栽培。

一、冬春日光温室栽培

11 月上旬至翌年 2 月上旬，在日光温室育苗，12 月上旬至翌年 3 月中旬定植温室，1 月中旬至 5 月中旬收获。但严冬定植生长缓慢，还要适时加温，成本过高，因此多为 12 下旬育苗，2 月中下旬定植的早熟栽培。

二、温室播种大棚定植

1 月下旬至 2 月下旬在日光温室播种育苗，3 月下旬至 4 月下旬在大棚定植，5 月下旬至 6 月上旬收获。

三、温床、塑料薄膜小棚育苗，露地定植

3 月上旬至 3 月中旬在温床，塑料薄膜小拱棚播种育苗，4 月下旬露地定植，7 月下旬收获。

四、秋季露地栽培

6 月中旬至 7 月中旬播种育苗。7 月中旬至 8 月中旬露地定植，9 月中旬至 10 月中旬收获。

五、秋季保护地栽培

7 月上旬至 8 月下旬露地播种育苗，8 月下旬至 10 月下旬在大棚、温室定植，10 月下旬至翌年 1 月上旬收获。

第三节 青花菜露地栽培技术

一、春季早熟栽培技术

（一）培育壮苗

1. 播种时期 吉林省青花菜春季露地早熟栽培，于 3 月上中旬在温室、温床、小拱棚播种育苗，4 月中旬定植露地，用地膜

覆盖，垄上用小拱棚进行短期覆盖，以提高地温促进缓苗。

2. 播种方法　青花菜早春露地早熟栽培多在日光温室、温床或小拱棚育苗。苗床整地后铺 10～12 厘米厚的营养土。营养土的成分及配制比例是：腐熟马粪 5 份、陈炉灰 2 份、田土 2 份和大粪面 1 份，混合时1000千克混合土中加磷酸二铵 1.5 千克或磷酸钙 2 千克、硝酸铵 0.5 千克混合后过筛（或先过筛后混合），充分混合后铺平，灌水沉实（用喷壶浇），待墒情适宜时播种。在床土上直播的，可按 3～5 厘米行距划浅沟，约 1 厘米左右撒施 1 粒种子，用过筛细土覆盖 0.5～1 厘米。

吉林省冬季或早春可在温室中进行二级育苗或三级育苗：将种子播在营养土的育苗箱中，放在催芽室或埋有电热线的苗床上，或放在火道上，或温室温暖的地方进行育苗，幼苗长出 1～2 片真叶时，移在营养钵中。也可采用育苗盘育苗，将沸腾炉灰或浸泡过的蛭石放入盘内作基质，按 1 厘米×3 厘米株行距播种，覆土后喷水，用地膜覆盖保湿，将育苗盘放入温床内。2～4 天后即可发芽，幼苗出土后及时揭除覆盖物。青花菜种子比较昂贵，应适当稀播，保证成苗，播种量每1000平方米 25～30 克，可用撒播或点播。

3. 苗期管理　春季育苗要注意苗床的防寒保温，床温20℃～22℃，最低温度不得低于 10℃，在日光温室中育苗，保持营养土湿润。当幼苗出土 20 天左右，2～3 片真叶时，进行移苗，将苗移到 7 厘米×7 厘米或 10 厘米×10 厘米的营养钵或纸袋里。分苗后2～3 天浇 1 次水，幼苗长到 5～7 片真叶时即可定植。育苗期间喷施 1～2 次 0.2%磷酸二氢钾液肥，适当倒苗 1～2 次。

（二）适时定植

1. 定植前的准备

（1）整地施肥　定植前每1000平方米施优质农家肥2000～3000千克，翻地耙匀，做成宽 120 厘米的高畦，畦面宽 60～65 厘米、畦底宽 80～85 厘米、畦高 10 厘米，或做成 50～60 厘米宽的高垄。

（2）覆盖地膜、扣小拱棚　提前准备好地膜，每1000平方米10千克左右。畦、垄做完后，随即覆盖地膜，要求拉紧铺平，贴紧地表，畦上薄膜四周用土压严实，畦沟不覆盖，留作灌水。

小拱棚主要是用细竹竿、竹片、树条、粗铝丝、细钢丝、轻型扁钢等弯成弓形的材料做成骨架，在拱架上覆盖薄膜而形成的一种覆盖畦。小棚一般呈半圆形，高0.3～1米，宽、长依畦和垄宽窄而定。支架距离30～60厘米，上覆1幅或2幅薄膜，外层用同样架材插入畦埂两侧，固定压紧薄膜。在定植前将架材和薄膜准备好。

2. 定植方法　定植时每1000平方米施磷酸二铵15～20千克，缺钾地块加施硫酸钾10～15千克，集中施入栽植沟（穴）内，与土拌匀后栽苗。秧苗应带土坨定植，减少根系损伤。栽植密度因品种而异，株行距一般40厘米×50厘米，早熟和株型紧凑的品种可适当密些，每1000平方米栽苗4500～5000株；中晚熟和侧枝多的品种可稀些，每1000平方米栽苗3500～4000株。定植宜浅，浇足水，水下渗后用干细土封埯，加强田间管理。

（三）田间管理

1. 中耕除草和培土　未覆地膜的地块，定植后应及时中耕松土，有利于提高地温和消灭杂草。为了防止伤根，中耕除草应在定植后1个月内完成。一般是结合追肥中耕2～3次，在追肥前松土除草，追肥后及时培土。培土的主要作用是减少肥料流失和挥发，并使主茎萌发不定根，促进养分吸收，茎秆粗壮，防止植株倒伏。但培土要适度，特别是雨季，培土过厚会造成土壤通气不良，使根系窒息变褐，植株发黄，甚至枯死。覆膜栽培时，畦沟也应及时除草中耕。为节省除草用工和避免中耕伤根，可在作畦后用48%氟乐美乳剂，每1000平方米用量100～130克，对水75千克喷地面，搂土覆盖后再铺地膜，定植。出苗后应经常清除膜面上的泥土污物，增加透光量，有利于提高地温，促进幼苗生长。

2. 肥水管理　青花菜是需肥较多的蔬菜，特别是顶、侧花球兼用种和中晚熟品种，生长期和采收期都较长，消耗养分更多，除施足基肥外，生育期间还要多次追肥，才能使植株生长健壮，获得较高的花球产量。一般定植后 10～15 天追施第 1 次肥，每1000平方米施尿素 15 千克、磷酸二铵 22.5 千克，或人粪尿 450 千克；顶花蕾出现时追施第 2 次肥，每1000平方米施磷酸二铵 22.5～30 千克和适量的硫酸钾或草木灰；花球膨大期可叶面喷施 0.05％～0.1％硼砂溶液和 0.05％～0.1％钼酸铵溶液，能提高花球质量，减少黄蕾、焦蕾的发生。顶花球收获后，可根据地力条件和侧花球生长情况适量追肥，通常应在每次采摘花球后施薄肥 1 次，以便收获较大的侧花球和延长收获期，提高产量。一般可采收 2～3 次侧花球，每1000平方米可产 750～1050千克。但在生育后期，氮肥不可施用过量，避免发生腐烂。采用小拱棚覆盖的，要及时通风，使供棚内温度保持 15℃～20℃，当夜间温度达 10℃以上时，应将小拱棚撤除。

青花菜喜湿润，不耐旱，在整个生长过程中需水较多。特别是春季栽培常遇干旱，定植后应每隔 5～7 天灌 1 次水，以保持土壤经常处于湿润状态。同时，每次追肥后应及时灌水，以利于根系对养分的吸收。青花菜又不耐涝，灌水切忌大水漫灌，莲座期之后应适当控制水分，防止植株徒长，形成小花球，在花球直径达 2～3 厘米后应及时灌水。降雨较多时应注意排水。

3. 去除侧枝　顶花球专用种，在花球采收前，应摘除侧芽，顶、侧花球兼用品种，侧枝抽生较多，未现蕾前下部发生的侧枝全部摘除，摘除的侧枝可用来扦插育苗，现蕾后一般选健壮侧枝 4～5 个，抹掉细弱侧枝，可减少养分消耗。另外，在秋季栽培时，日平均气温降至 10℃以下，花球不再膨大，为使养分供给主花球生长，也应尽早除去侧枝。

二、秋季延后栽培技术

（一）适时播种

1. 播种时期　露地，夏播秋收，选用早熟耐热品种，6 月上旬至 6 月下旬分期播种育苗，7 月上旬至 8 月上旬分期定植，9 月中旬至 10 月上旬可陆续采收。

2. 整地施肥　青花菜育苗应选择地势高燥平坦、排灌良好、土质疏松肥沃的地块，其前茬作物不能是十字花科蔬菜，如大白菜、油菜、萝卜、甘蓝、花椰菜、芥菜等。播种前，每平方米育苗畦施入充分腐熟的有机肥 5 千克，翻匀、整平、耙细后，做成宽 1.2～1.5 米的畦。

3. 播种方法　青花菜播种一般采用撒播法，每平方米育苗畦播种量 0.75 克左右，每1000平方米定植面积需播 25～30 克。播种前将育苗畦内浇透底水，待水渗下后，然后将种子均匀撒入育苗畦内，覆盖 1 厘米厚的过筛细土。注意覆土要均匀，切防过厚，否则出苗不整齐。

（二）育苗畦管理

秋季露地栽培青花菜，一般在 6 月中旬至 7 月中旬于露地播种育苗。这段时间内，气温都在 25℃以上，有时可高达 31℃～33℃，而且光照强，雨水多，为保证幼苗整齐生长，夏季播种时应在育苗畦上面搭设防雨遮阴棚（图 4—1）。

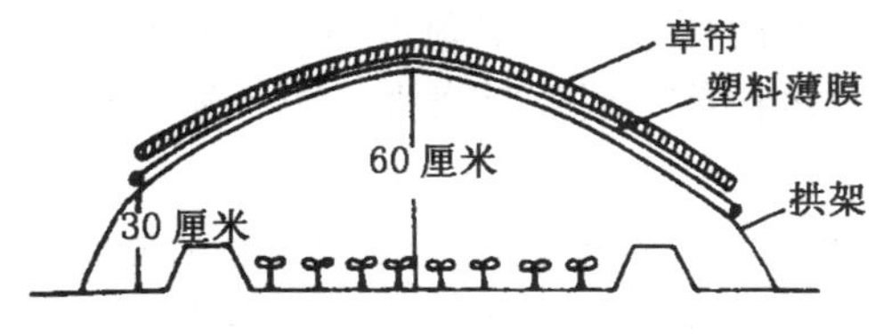

图 4—1　育苗畦防雨遮阴棚模式

播种后，在育苗畦埑的外侧插入竹竿或钢筋等呈现拱状，并在拱架上覆盖一层薄膜，两边要盖至畦埑的外侧距地面 30 厘米处。不能将整个畦面盖严，以保持育苗畦通风。然后在上面再覆盖一层草帘或稻草等。防雨遮阴棚可有效地防雨、防晒和降低土温等。夏季育苗，畦土易干，为了保证幼苗对水分的需要和降低土温，应注意经常浇水，播种后15～20天即可分苗。

当幼苗长至2～3片真叶时进行分苗。分苗畦的准备方法同育苗畦。起苗后将幼苗按6～8厘米见方移栽至分苗畦。分苗前1天，先将育苗畦浇透水，以便在起苗时减少伤根。起苗后将幼苗按6～8厘米见方移栽入分苗畦。分苗移栽后，立刻浇透水，缓苗后应及时浇缓苗水，同时每平方米追施尿素7克，促进幼苗生长和缓苗。分苗后25～30天，当幼苗长至5～6片真叶时，植株达到适宜定植苗龄。

（三）定植

1. 整地施肥　青花菜为喜肥作物，整地前每1000平方米应施入充分腐熟的有机肥5000千克，深翻15～20厘米，耙细整平起垄，垄距50厘米。

2. 定植密度　青花菜植株长势强，开展度较大，其定植株距一般40厘米，即40厘米×50厘米。每1000平方米定植3500～4000株。

3. 定植方法　定植前1天，先将分苗畦浇透水（营养钵育苗的不浇水），可使土坨不易松散，多带土，减少伤根。幼苗起出后带土坨按预定的株行距定植到田间。可刨坑栽，也可以开沟摆苗定植。田间定植后，要及时浇水，防止幼苗萎蔫干枯。

（四）田间管理

1. 水肥管理　青花菜定植后水肥管理的原则是前期促苗，促使植株早缓苗；中期控水控肥，促进根系发育；后期攻蕾，促进花球膨大。田间定植后7天左右，植株开始长出新根，为促进植株生长，此时浇1～2次缓苗水，同时每1000平方米追施尿素10千克、磷酸二铵10千克。植株团棵后，控制浇水施肥，适当蹲苗，以促进地下根系发育。蹲苗时间长短应根据品种特性、栽培季节和土壤墒情具体而定。早熟品种蹲苗时间短，夏季栽培青花菜气温高，日照强，土壤易干，蹲苗时间易短，定植后 30～35 天，当植株心叶开始呈拧心状，是主茎顶端花球开始形成的标志，也是水肥管理的关键时期。此时，每1000平方米追施氮、磷、钾复合肥 22.5 千克。青花菜对硼、钼等微量元素肥料需要较多，缺硼易引起花球表面黄化和基部空洞；缺钼则叶片失去光泽，并易老化。可分别用0.5%硼砂和0.5%钼酸铵溶液于花球形成期进行叶面喷洒。7～10 天后进行第 2 次追肥。当花球采收后，为了促进侧生花球的生长和发育，还应进行第 3 次追肥。整个花球形成期，田间土壤应注意经常浇水，保持土壤湿润，满足青花菜对水分的需要。

2. 中耕除草　缓苗水浇后 3～4 天即开始中耕，蹲苗期间连续中耕 2～3 次，在进行第 2 次或第 3 次中耕时也可适当培土。以防植株倒伏。植株封垄后停止中耕。

第四节　青花菜大棚栽培技术

一、春季早熟栽培技术

（一）温室育苗

1. 播种时期　塑料拱棚青花菜早熟栽培于 1 月下旬至 2 月下旬在日光温室播种育苗，3 月下旬至 4 月中旬在大棚定植。

2. 整地施肥　青花菜育苗应选择土质疏松肥沃的土壤，其前茬作物不能是十字花科蔬菜。播种前，育苗畦每平方米施入充分腐熟的有机肥 5 千克，翻匀、整平、耙细后，做成宽为 1.2～1.5 米的畦。

3. 播种方法　青花菜播种一般采用撒播法，每平方米育苗畦播种 0.75 克左右。播种前将育苗畦内浇透底水，待水渗下后，在畦面上先撒入一层过筛细土，然后将种子均匀撒入育苗畦内，覆盖 1 厘米厚的过筛细土。注意覆土要均匀，切防过厚，否则出苗不整齐。畦面要用地膜覆盖，保持土壤水分。

4. 苗期管理　播种后保持温度在 20℃～25℃，地温不宜低于 15℃，否则出苗缓慢。适宜温度下，2～3 天即可出苗。出苗后，应及时将畦面覆盖的地膜揭开。幼苗出土后，保持温度在 18℃～20℃，有利于培育壮苗，防止幼苗徒长。为了防止地温降低，造成幼苗生育延迟，育苗畦内一般不要浇水。播种后 20～25 天，当幼苗长至 2～3 片真叶时，应及时分苗。分苗畦的准备方法同育苗畦。分苗前 1 天，先将育苗畦浇透水，以便在起苗时减少伤根。起苗后将幼苗按 6～8 厘米见方移栽至分苗畦。分苗移栽后，及时浇水，缓苗水后每平方米追施尿素 7.5 克，促进幼苗生长。分苗后 25～30 天，当幼苗长至 5～6 片真叶时，进行定植。

（二）提早定植

1. 定植前的准备　定植前准备包括塑料薄膜备料，烙接，大棚骨架的维修或安装，特别对竹木结构大棚接口处需用旧膜包扎，以防磨坏薄膜。

春季大棚早熟栽培要着眼一个“早”字，抢早就要创造条件提早定植，提早定植关键是提高地温。措施有：一是早扣棚，最好扣越冬棚，可减少冻土层，春季化冻早，升温快；二是采用秋翻或春翻地，熟化土壤，定植前施足腐熟有机肥料，一般1000平方米施基肥5000千克，并要施入相当数量的腐熟马粪，均匀施入，翻地晒土，整地作畦，畦宽 1.2 米，或起垄，垄距 50 厘米。

2. 定植时期　塑料大棚从 3 月初棚温开始回升，3 月上旬最低温度可在 0℃以上，3 月下旬地温可达 5℃以上，3 月下旬至 4 月中旬可在大棚定植。

3. 定植方法　定植时在垄上开沟或挖穴，株距 40～50 厘米，将营养钵（袋）内的秧苗带土坨移栽到沟内，一般每1000平方米栽苗4000株左右。栽后按实，顺沟缓慢灌水，灌水量以润透苗根为适度。

（三）定植后的管理

1. 定植后缓苗期管理　定植初期，外温较低，无地膜覆盖时地温多在8℃～12℃，8℃是青花菜根系伸长最低温度，因此如不采取提高温度措施，青花菜发根慢、缓苗晚，生育不良。所以要加强防寒保温，要进行多层覆盖，大棚进行关闭升温，促进缓苗。

2. 缓苗后管理　未覆地膜的地块，定植后应及时中耕松土，有利于提高地温和消灭杂草。为了防止伤根，中耕除草应在定植后1个月内完成。一般结合追肥中耕2～3次，在追肥前松土除草，追肥后及时培土。培土的主要作用是减少肥料的流失和挥发，使主茎基部萌发不定根，增加吸收养分的数量，促进茎干粗壮，防止植株倒伏。

青花菜的耐寒力和耐热力均较强。生长发育适温20℃～22℃，花蕾发育适温15℃～18℃，25℃以上发育不良，5℃以下生长缓慢。所以大棚的温度管理，前期以保温为主；后期要及时通风，维持青花菜生长发育的最适温度。

青花菜是需肥较多的蔬菜，除施足基肥外，生育期间还要多次追肥，才能使植株健壮，增大同化面积，进而获得较高的花球产量。一般在缓苗后10～15天追第1次肥，每1000平方米追施硝酸铵15～22.5千克；顶花蕾出现时，追施第2次肥，每1000平方米追施硝酸铵22.5～30千克，追肥后要灌水。如土壤肥力不足或植株脱肥现象的，在现蕾初期，可再追施1次，每1000平方米施硝酸铵和硫酸钾各15千克。

青花菜为喜湿润的蔬菜，在全部生长过程中，需要水分较多，在叶簇旺盛生长和花球形成时期，尤其需要大量的水分，如不能及时满足其需要，往往生长不旺，影响花球长大，特别是在高温干旱时必须及时灌水。

二、塑料薄膜大棚秋延后栽培技术

（一）育苗

塑料薄膜大棚秋延后栽培于6月下旬至7月上旬于露地播种

育苗。

(二) 整地施肥

请参阅第三节“露地秋延后栽培技术中整地施肥”部分。

(三) 播种方法

请参阅第三节“露地秋延后栽培技术中播种方法”部分。

(四) 苗期管理

请参阅第三节“露地秋季栽培苗期管理”部分。

(五) 定植

塑料薄膜大棚秋延后栽培一般7月中旬至8月中旬定植。青花菜植株高大，对土壤养分要求较高，在定植前要及时清除前茬秸秆，并要施用腐熟厩肥、鸡粪等优质农肥，每1000平方米施入3000～4000千克，加过磷酸钙50千克，混合堆制后施用。翻耕后整平、耙细，做行距50厘米的高垄。

定植时每1000平方米施速效氮、磷复合肥25千克，缺钾地块加施硫酸钾15千克，集中施入栽植沟（穴）内，与土拌匀后栽苗。秧苗应带土坨移植，最好采用营养钵育苗，定植时减少根系损伤。栽植密度一般为40厘米×50厘米，每1000平方米栽苗4000株。定植土坨与垄面齐平，浇足水，水渗下后铲土封掩，要加强田间管理。定植后3～5天内，遇高温天气时，利用无纺布等遮阴，促进缓苗。

(六) 田间管理

1. 中耕除草和培土　定植后应及时中耕培土，有利于保墒和消灭杂草。为了防止伤根，中耕除草应在定植后1个月内完成。一般是结合施肥中耕2～3次，在追肥前松土除草，追肥后及时培土。培土的主要作用是减少肥料流失和挥发，使主茎基部萌发不定根，增加养分吸收，促进茎秆粗壮，防止植株倒伏。

2. 肥水管理　青花菜喜肥水，分期适时追肥、浇水是丰产的关键。追肥种类以氮肥为主，进入花球形成期，应适当增施磷、钾肥，促进花球的迅速生长。生长前期追肥2～3次，每次每

1000平方米追施腐熟人粪尿1500千克，或尿素 15 千克。进入采收期后，每次采收后要追肥 1 次，促进侧花球生长，每1000平方米施复合肥 20～30 千克。

青花菜需水量较多，在莲座叶和花球形成期要及时灌水，保持土壤湿润。

3. 温度管理　青花菜的耐寒力和耐热力强。生长发育适温 20℃～22℃，花蕾发育适温 15℃～18℃，25℃以上发育不良，5℃以下生长缓慢，能耐短期霜冻。所以秋大棚管理，前期应把大棚四周全部揭开，控制温度不超过 25℃，10 月上旬以后，外温逐渐降低，夜温在 10℃以下，降温天气还会有 0℃温度出现，晚间要把大棚四周盖好，白天通风。

第五节　青花菜日光温室栽培技术

一、品种选择

吉林省冬春季气温低，光照弱，日照时间短，为使青花菜正常生长发育，获得高产，应选择适应性广、抗寒性较强、株型紧凑、花球紧实、品质好和产量高的品种。根据近年来各地生产实际应用，可供选择的早熟品种有绿岭、东京绿、青绿等；中早熟品种有哈依姿等。

二、培育壮苗

（一）播种时期

日光温室冬季栽培，育苗播种期可以 8 月中下旬开始，排开播种，分期定植，即能达到陆续采收，均衡供应。

（二）整地施肥

由于青花菜怕涝，育苗期间又正值高温多雨的季节，所以育苗地要选择排水良好的地块。土地整平后，做成高 10 厘米的苗床，上面再铺 6～7 厘米厚的营养土。营养土的成分比例是：腐熟马粪 50％、田土 50％，每1000千克的营养土加磷酸二铵 1.5 千克，充分混合而成，灌水沉实后即可播种。

（三）播种方法

为节省用种量，宜稀播，每平方米均匀撒播 4～5 克，可供 200 平方米菜田用苗。播后覆盖营养土 0.5～1.0 厘米。苗床上方架设遮阳网或遮阴棚，以防暴雨、日晒，并可降低地温。

（四）苗期管理

播种后注意苗床管理。如白天温度达 20℃～22℃，2～4 天可出齐苗。出苗后苗床应撒一薄层土，利于保湿和扎根。白天保持 15℃～18℃，夜间不低于 10℃；土壤相对湿度保持在 70%～80%为宜，如干旱应及时喷水，并注意防治菜青虫和黄曲条跳甲为害。出苗后 15～20 天，当第 1 片真叶显露出来后，应选择阴天或傍晚进行分苗，将秧苗移植在营养钵或纸筒内，每钵移植 1 株。营养钵的规格 7 厘米×7 厘米或 10 厘米×10 厘米。将营养钵摆放在苗床上，保持湿润，浇水宜见干见湿，不要受旱；温度不易过高，防止徒长，并要适当遮光。定植前 10 天左右，撤除遮阴棚，使幼苗充分见光，接受锻炼。当苗龄达 40 天，秧苗长出 4～6 片真叶时，可开始定植。

三、适时定植

（一）整地施肥

定植前进行整地施肥，一般每1000平方米用腐熟优质农肥 5000千克，磷、钾复合肥 25 千克混合后施入。深翻 30 厘米，耙细后起垄。垄距为 50 厘米，垄高 12～15 厘米。

（二）定植方法

定植时在垄上开沟或挖穴，株距 40～50 厘米，将营养钵内的秧苗带土坨移栽到沟内，一般每1000平方米栽苗4000株左右。栽后按实，顺沟缓慢灌水，灌水量以润透苗根为适度。水沉后覆土重新成垄。

四、定植后管理

主要是做好水肥和温度管理，防治病虫为害。

（一）水、肥管理

在浇定植水的基础上，7～8天后再灌1次缓苗水。表土见干及时中耕松土，促进根系生长。以后的管理应以促进植株生长为主，实行肥水并举。一般在定植后10～15天追施第1次肥，每1000平方米施氮，磷、钾复合肥25～30千克，随后灌水；现蕾后，可顺水每1000平方米追施复合肥20千克。顶花球收获后，视侧枝生长情况适度追肥，以促进侧花球的生长。

（二）温度管理

秧苗定植后，气温已开始逐渐下降，随时观察，及时进行调控。温室的温度管理，主要是根据青花菜不同生育阶段对温度的要求来确定：一般在外界气温低于5℃时，即应及时扣膜，但必须注意放风，防止温度过高。苗期和莲座期白天室温以20℃～22℃为宜，不应超过25C，间宜维持在8℃～10℃，不高于12℃，也不低于5℃。花球形成和膨大期。白天温度应保持15℃～18℃，不要高于20℃；夜间保持5℃～8℃，不高于10℃，不低于5℃，并要利用每天高时通风排湿，以减少棚顶水滴落到叶片和花球上，防止引发害和造成花球腐烂。

第六节　青花菜病虫害防治

青花菜的抗性较强，适应性广，没有严重的灾害性病虫病，常见的病害有霜霉病、菌核病、黑腐病、黑斑病等；虫害主要有菜青虫、小菜蛾和蚜虫。

一、霜霉病

霜霉病是由真菌浸染引起的病害，可为害十字花科多种蔬菜。本病的发病率差异较大，轻者10%以下，重者达100%，从苗期到成株期均可发生。

1. 症状　病菌主要为害叶片。发病初期，在叶片正面出现较小的退绿斑，扩大后受叶脉限制呈多角形或不规则形。空气湿度较大时，病斑背面产生白色霜状霉层。病斑中部组织逐渐干枯变褐至枯黄色而坏死。受害严重时病斑联结成块，全叶枯萎，明显影响花球产量和品质。

2. 发病条件　在忽冷忽暖和多雨高湿条件下，病害发生重。一般在 3℃～4℃时即可侵入寄主，7℃～13℃最易发病，在 25℃以上病害趋于停止。

3. 防治方法

（1）收获后彻底搜集病株残叶，集中烧毁或沤肥，并翻耕深埋病株残体减少田间菌源。

（2）合理密植，加强肥水管理，降低田间湿度，增强植株的抗病能力。

（3）在发病初期喷 75％百菌清可湿性粉剂 500～800 倍液，或 65％代森锌可湿性粉剂 500～700 倍液。每隔 7～10 天喷 1 次，有较好的防治效果。

二、菌核病

1. 症状　是由真菌浸染引起的病害。除为害十字花科蔬菜外，还为害豆类、茄果类等多种蔬菜。

青花菜菌核病多在花蕾球收获前发生。主要为害茎的基部，先褪色呈水浸状斑，空气湿度较大时病斑上产生白色棉絮状霉（菌丝体），茎部迅速腐烂，内部形成豆粒状菌核，菌核表面最后呈黑色如鼠粪。

2. 发病条件　菌核病以菌核在土壤中越冬，种子中也可混杂菌核。随气流传播进行初次浸染。在菜株生长期间，主要是菌丝体接触进行再浸染。田间气温在 20℃～25℃，相对湿度在 85％以上，有利于病菌发育，发病严重；相对湿度在 70％以下，发病轻或不发病。

3. 防治方法

（1）注意清除田间杂草，与非感病作物轮作，避免连作。

（2）选用无病菌菌核混杂的种子，播种前剔除混杂在种子中的菌核。

（3）避免偏施氮肥，增施磷、钾肥，提高植株抗病能力。

（4）不要过于密植，保持田间通风透光，排水良好，减轻病害的发生。

（5）田间发病后，可选用50％甲基托布津可湿性粉剂500倍液，或25％多菌灵可湿性粉剂500倍液，或0.2％～0.3％波尔多液喷布。每隔7天喷1次，连喷2～3次，可控制病情发展。施药时，应重点喷洒植株茎基部及地面。

三、黑腐病

黑腐病的病原菌为细菌，主要为害十字花科蔬菜。

1. 症状　黑腐病菌主要为害叶片，从叶缘开始发病，自叶脉先端向内和两侧扩展，形成“V”字形黄褐色病斑，叶脉坏死变黑。空气潮湿时病部组织腐烂，空气干燥时病部干而脆，茎和根部受害时维管束变黑。

2. 发病条件　病菌在种子内和病株残体中越冬。主要借风雨传播，从叶缘的水孔或虫伤处侵入寄主维管束内引起发病，并从叶片维管束蔓延到茎部进行系统浸染；幼苗嫩叶则从气孔侵入。25℃～30℃高温，多雨或露水、大雾有利发病，连作地和低洼地发病重。

3. 防治方法

（1）避免连作，实行与非十字花科作物轮作。

（2）无病区留种。

（3）种子消毒，用50℃温水浸种20分钟后，立即移入冷水中冷却；也可用50％代森胺200倍液浸种15分钟，洗净晾干后播种。

（4）初发病时用50％代森胺1000倍液喷洒，7～10天喷1次，连喷2～3次，防治效果较好。应注意，收获前15天必须停药。

四、黑斑病

黑斑病是由真菌浸染所致的病害，主要为害十字花科蔬菜。

1. 症状　黑斑病主要为害叶片和叶柄，发病初期，叶片上出现近圆形的灰白色至淡褐色病斑，逐渐变黑褐色，病斑上有明显的同心轮纹，周围常有黄色晕环。叶柄上病斑长梭形，暗褐色，稍凹陷，具有轮纹。湿度大时，病斑上均生出黑色霉状物。

2. 发病条件　黑斑病菌在病残体内，或附在种子表面越冬，菌丝体也能在种子内部越冬。病斑形成后，在适宜的环境条件下产生大量黑霉状物，分生孢子又进行再浸染。低温高湿有利于本病的发生，最适宜的温度 17℃～20℃。

3. 防治方法

(1) 清洁园田，收获后清除所有枯枝落叶，并深层埋压；实行与非十字花科蔬菜的轮作。

(2) 种子消毒，将种子放入 50℃温水中浸 20～30 分钟，取出后立即移入冷水中冷却，晾干后播种；用种子量 0.4%福美双或 0.3%瑞毒霉拌种。

(3) 合理密植，增施磷、钾肥，增强植株抗病能力。

(4) 发病初期用 75%百菌清可湿性粉剂 500～600 倍液，或 50%托布津 500 倍液，或 50%多菌灵1000倍液喷雾，每隔 7～10 天喷 1 次，共喷 2～3 次即可控制病情发展。

五、主要虫害

菜青虫、蚜虫的防治方法参照“菜心”章节有关内容。

六、采收

青花菜的适宜采收期短，必须及时采收。采收太早，花蕾尚未充分发育，花球小，产量低；采收过迟，花蕾松散，变黄，品质变劣。特别是在高温期，如不适时采收，花蕾黄化，失去商品价值，应适当提前 1～2 天收获。

青花菜适时采收的标准是：花球充分长大，花蕾颗粒整齐，尚未散开，整个花球坚实完好、鲜绿色为品质和产量最高的采收适期。顶花蕾采收后，促进侧花球生长。当侧花球充分长成，但未松散时即可采收。采收次数及数量因品种而异，侧花球多的品种可连续采收 3～5 次。

第五章　苦　　瓜

苦瓜又名癞瓜、凉瓜等。随着人们对苦瓜营养价值和医疗保健作用认识的提高，吉林省从20世纪90年代由广东引种菜用苦瓜试栽后，越来越受到各界人士的欢迎，除用作家常便饭外，也是宾馆、饭店的美味佳肴。

苦瓜具有解毒利尿的作用，富含维生素、矿物质等多种营养，如果每天食用100克苦瓜就能满足人体必需维生素C的需求量。苦瓜可炒食、可凉拌、可做汤，具有特殊的甘苦味，食后清凉可口。

苦瓜耐热，病虫害少，栽培技术简单，在吉林省既能露地栽培，也适于保护地栽培；既是经济效益较高的名贵蔬菜，又是绿化庭院难得的观赏蔬菜。

第一节　苦瓜的类型和品种

一、主要类型

（一）大苦瓜

大苦瓜果实长圆形，两端尖，长16～49厘米，横径5厘米左右，果皮瘤状突起细密，种子集中在果实先端，主要菜用。

（二）小苦瓜

果实短纺锤形或圆锥形，长6～12厘米，横径5厘米，瘤状突起较大，成熟快，老熟黄色瓜裂开红瓤，红瓤柔软味甜，可以生食。吉林省早有零星栽培，但主要作观赏用。

二、优良品种

1. 白苦瓜　主蔓长 3 米多，分支力强主侧蔓均能结瓜。主蔓第 11 节出现雌花，侧蔓第 1 节后着生雌花。单瓜重 150～250 克。产量高，抗旱力强，品质好。在吉林省引种栽培较早。

2. 青苦瓜　茎叶繁茂，分支力强。主侧蔓均可结瓜。单果重 150～250 克。抗逆性强，产量不高，苦味较重。在吉林省早有栽培。

3. 长身苦瓜　是广东农家品种，吉林省从 1991 年引入，适应性较强。本品种生长势强。叶薄，黄绿色。主蔓第 16～22 节着生第 1 雌花。果实长条形，顶尖，长约 30 厘米、粗约 5 厘米，肉厚 0.8 厘米。果实绿色，有条状或瘤状突起。味甘苦，品质好，耐贮运。单果重 250～600 克。较耐瘠薄，抗性较强。在吉林省露地、保护地栽培均适宜。

4. 蓝山大白苦瓜　生长势旺，分支力强。主蔓上第 10～13 节开始着生第 1 朵雌花，此后可连续或间隔 1 叶再生雌花。果实长筒形。长 50～70 厘米，粗 7～8 厘米。果皮乳白色，有光泽，瘤状突起大而密。果肉较厚，苦味淡，品质好。单瓜重 0.75～1.75 千克。中熟，耐热、抗病力强。在吉林省露地、保护地栽培均适宜。

5. 大白苦瓜　湖南省农业科学院园艺研究所育成。生长势和分支力较强。叶浓绿色。果实长圆筒形，一般长 60～66 厘米、粗 5 厘米左右。果皮白绿色有不规则细密瘤状突起，肉厚，种子少，苦味淡，品质优良。单瓜重 250～300 克。中熟，耐湿、耐热，抗病，丰产。适合吉林省保护地栽培。

生产上也有的应用“英引苦瓜”“台湾长身大肉苦瓜”“种都新选华绿苦瓜”等品种。

第二节　苦瓜栽培季节和栽培技术

苦瓜枝叶繁茂，能连续开花结果，无论在露地或保护地栽培，基本为一年一作。吉林省露地栽植一般于 4 月中旬开始在温室内育苗，苗龄 40 多天。大约 5 月下旬终霜过后定植。

大棚栽培或日光温室栽培，在温室中育苗。为提早收获，可以育大苗定植。日光温室栽培，可在 1 月下旬或 2 月初播种，3 月上中旬定植，水肥管理适当，配以合理的植株调整技术，可以越夏连秋栽培到 11 月份。

大棚栽培，一般 3 月中旬播种，4 月下旬定植，管理得当，可持续收获到 9 月下旬。

第三节　苦瓜露地栽培技术

一、培育壮苗

（一）适时播种

1. 浸种催芽　每1000平方米栽培面积用种量为 1200～1500 克。可选用抗旱力、耐寒性强的白苦瓜或青苦瓜两个品种。

苦瓜种皮较厚，出芽困难，可先用钳子或牙齿嗑开种子尖，特别注意不要损伤子叶和胚芽（瓜子仁儿）。将嗑开的种子浸泡 12 个小时，取出种子甩掉水珠，用湿毛巾包好，置于 32℃ 的温暖条件下催芽，3～5 天就会出芽。

如果不嗑开种皮，可用 50℃～60℃热水烫种，不断搅拌，烫 10～15 钟后浸种 24 小时，放温暖处催芽，需要 1 周以上才能出芽。

2. 配制营养土　上用过筛的腐熟马粪 5 份或草炭土 5 份、陈炉灰 2 份、田土 2 份、大粪面 1 份。

3. 精细播种　护根育苗有利于早熟高产。在塑料营养钵或纸钵中装入配好的营养土，每钵播1粒带芽种子或2粒不带芽种子，芽子向下，覆土1.5厘米，浇透水，放于温室或大棚的苗床内，培育一手苗，不进行移植。

（二）加强苗期管理

1. 出苗前　播种后加盖塑料小拱棚保温保湿促进出苗，白天保持30℃、夜间20℃为宜。防止干旱，保持土壤湿润，避免芽干。

2. 出苗后　出苗后揭开小拱棚，白天保持25℃、夜间15℃为宜。当棚内超30℃适当通气降温，并保持适当的土壤水分。当叶片浅黄、生长势较弱、茎叶细弱时用0.2%磷酸二氢钾溶液叶面喷施。

营养钵育苗，浇水量大、不易均匀，应用喷壶浇水，并注意不要漏浇四周（外围）的秧苗。育苗期间“倒苗”1～2次，将长势弱的幼苗倒换到长势旺盛的地方，使秧苗整齐壮实。

及时拔除杂草，防治蚜虫。

露地用的秧苗，由于定植后的环境于育苗场所相差较大，因此要加强秧苗锻炼。在定植前10天左右，逐渐加大通风量，降温控水，只要秧苗大叶白天虽萎蔫，但早晚能恢复就不用担心控水过分。炼苗期间即使需要浇水，也要少浇，“洗洗脸”即可。

二、适时定植

（一）选地与施肥

选择几年未种植瓜类蔬菜的地块。头年秋天深翻，春天定植前10天左右每1000平方米施足腐熟的优质农家肥5000千克左右。再翻一锹深，与土混匀基肥。做成1.2米宽的高畦，畦面宽净剩90厘米，或60厘米垄距的大垄。

（二）合理密植

垄作株距50～60厘米，畦作栽双行，株距60厘米。5月下旬终霜过后定植，比黄瓜稍晚定植几天。

刨埯定植，每埯施磷酸二铵5克做口肥，定植前选无病、壮实的秧苗，脱去营养钵，将口肥与土拌匀后栽苗入埯，平坨栽植（即苗坨表面与畦面齐平）。浇透埯水，水沉后盖一层干土保湿。

三、田间管理

（一）植株调整

1. 搭架　支架绑蔓定植缓苗后，瓜秧开始甩蔓，及时搭支架。露地栽培一般插“人”字架。“人”字架坚固，抗风力强。如果兼作庭院绿化，可以搭棚架。架要插住绑稳，架材宜选用较粗的竹竿。

支架后引蔓上架，绑蔓 2～3 次，绑绳与架条间成“8”字形，使茎蔓均匀分布于架上。

2. 整枝打杈　苦瓜分枝性强，中上部侧枝较旺，结瓜节位连续性不强、比较分散，应加强整枝打杈，促进早结瓜、多结瓜。

主蔓出现第 1 条瓜后，将其下部的侧枝全部剪去。以上的侧蔓有雌花者保留，无雌花者剪除。

苦瓜在吉林省露地生长没有在保护地内旺盛，在第 1 条瓜出现后及盛收期整枝 2～3 次即可。剪去无瓜或老弱细枝，选留有瓜的强壮粗枝。如果放任生长也能开花结果，但产量会降低。

（二）追肥灌水

1. 追肥　苦瓜生长快，分枝多，吸肥力强，但幼苗期耐肥性较弱。在施足基肥的基础上，在整个生育期要追肥 3 次。植株出现第 1 雌花并坐果后轻追肥 1 次，每1000平方米刨坑追施硝酸铵 10 千克或 20％大粪稀2000千克；进入盛果期再重追肥 2 次，每次1000平方米施硝酸铵 15 千克，过磷酸钙 15 千克或 30％大粪稀2500千克。追肥后立刻灌透水。

2. 浇水　苦瓜能不断开花结果至初霜来临，需水量较大，结合天气情况进行水分管理。无雨时 7～10 天浇水 1 次。苦瓜虽要求较高湿度，但不耐涝，雨水大时要注意及时排水。

（三）其他管理

1. 中耕除草　苦瓜定植缓苗后至开花结果前，生长比较缓慢，要勤铲勤蹚，提高地温，促进根系生长。缓苗水浇后，当表土已干时第 1 次中耕，松土时注意不要伤根活动苗，应浅锄。在封垄前再松土锄草 1～2 次，并适当培土。

2. 查苗补苗　缓苗后，发现缺苗或生长极不良苗，要及时补苗或换苗，确保全苗。

3. 病虫害防治　苦瓜病虫害较少，连作时偶有炭疽病发生，要避免重茬。及时喷药防蚜。

四、适时采收

苦瓜果实生长很快，自开花后 12～15 天可达商品成熟度，为适宜的采收期，即果实已充分长大，果实上的条状或瘤状突起明显、饱满、有光泽，花冠干枯脱落时，用剪刀从果柄处剪下。一般第 1 条、第 2 条瓜适当早收，促进上部瓜条发育，早上市。一般每棵秧能收 10 条瓜以上。

第四节　苦瓜保护地栽培技术

一、培育大龄壮苗

（一）苗龄

为提早定植、提早成熟，保护地宜用大龄苗，苗龄 50 天左右，秧苗 8～10 片叶时定植。温室栽培 1 月末播种，大棚栽培 3 月上旬育苗小龄苗生长势旺，但上市晚。均于温室中育苗。

（二）浸种催芽

为促进快速发芽，可用 55℃左右热水烫种 10 分钟，或先嗑开种皮再浸种，或浸种后再嗑开种皮。嗑开种皮对加快出芽非常有效，干子嗑有时易伤胚，湿子嗑不易伤胚，但种壳不易开裂。浸好种后放于恒温箱或相当于 30℃的温暖地方进行催芽。

（三）播种

直接播于装有营养土的营养钵或纸钵中。播后浇透水摆在温室地床上，有条件的最好摆在架床上或电热温床上，以提高土壤温度。

（四）苗期管理

1. 温度　出苗前保持白天 31℃、夜间 21℃为宜。出苗后，为防止徒长，白天降到 20℃～25℃、夜间 15℃～18℃为宜。在加温温室内，阴天更要注意适当降低温度，否则光照较弱，温度却较高，容易造成幼苗徒长。

定植前 1 周降温锻炼，温度一定要逐渐降低，不要骤然降温。最低可降至 10℃左右。

2. 光照　幼苗出土后，在保温的前提下，草苫等保温物尽量早揭晚盖。经常清洁屋面以增加室内的光照强度。发现幼苗长势不齐时，将温度高、光照弱的后排苗倒到光照强、昼夜温差大的前排处。

3. 水分　播种后浇透水，出苗前保持土壤湿润。出苗后应见干见湿，防止徒长，促进发根比定植前适当控水炼苗，但过量控水炼苗会老化、伤根，如果大叶中午萎蔫早晚尚不能恢复，心叶中午也萎蔫，说明已控水过分。

4. 营养　营养土中营养要全面、充足苗期叶面喷施液肥 1～2 次壮苗。

5. 防蚜除草　及时喷药防治蚜虫，拔除杂草。蚜虫防治参照前述其他蔬菜。

二、适时定植

（一）温室或大棚的准备

日光温室头年秋天扣好封严，定植前保温烤地，草苫、纸被早揭晚盖。大棚头年秋天扣膜，四周封严，如果多层覆盖栽培，则要准备好二层幕、小拱棚等保温材料。

提前 1 周整地施肥，每1000平方米施基肥6000千克左右。1/3全园撒施，翻入土中；2/3 沟施，下肥后合畦，整细耙平，做成 1.2 米宽的高畦。为保温降湿，也可以覆盖地膜。为便于浇水，畦面不宜过宽，覆膜时畦面净剩 60 厘米。

（二）定植期适宜

苦瓜喜高温，过早定植，缓苗慢，也容易发生冷害或冻害。日光温室 3 月中旬、大棚 4 月下旬或 5 月初定植为宜。

（三）定植方法

一畦中央栽单行，株距 40 厘米，每1000平方米栽苗2100株左右。定植时土温须稳定在 10℃以上，选晴天上午栽苗。覆地膜栽培的进行穴栽，先打好埯，施上口肥，平坨栽植，让苗坨与定植穴四周土壤密切接触，浇透掩水，水沉后覆严掩；未覆地膜的开沟栽苗，灌透沟水，水完全沉下后覆平畦面。为避免过分降低地温，墒情尚好时可先不浇沟水。

三、定植后的管理

（一）缓苗期管理

定植后 5 天左右密闭保温保湿，为避免冷风直接吹苗，除挂 1 个长门帘外，在下面再挡 1 个高 60～80 厘米的短帘以阻挡扫地风。

一般不超过 38℃不用通风，偶尔超过 38℃也只需开门或扒小缝、小口通风。

（二）初花期管理

缓苗后立刻浇 1 次水，以促进生长，缓苗水干后，松土 1 次，增加土壤通透性，提高地温有利根系良好发育。

缓苗后室内保持温度 28℃～30℃，超过 35℃时，温室开门或打开顶部、后墙通风口短时间通小风降温；大棚开门或在两边扒小缝通风。

甩蔓后及时插架，一般在保护地内不插“人”字架，而插直立架，直立架比“人”字架通风透光性好。插架后立刻用撕裂绳或麻袋线绑蔓上架。

到第 1 个瓜坐住前不旱不浇水，第 1 个瓜坐住后第 1 次追肥，每1000平方米穴施硝酸铵 15 千克，施肥后立刻灌水灌水后适当通风排湿。

保护地内前期昆虫较少甚至没有，不利于授粉受精，应进行人工授粉保花保果。

第1个瓜以下侧枝一律剪除。再中耕除草1次，并适当培土。

(三) 结果盛期管理

结果盛期不断引蔓上架，或绑蔓或将瓜秧缠绕在架杆上。加强肥水管理，保持土壤湿润，但注意降低空气湿度。待第2个瓜采摘后，第2次追肥，每1000平方米追施硝酸铵20千克、过磷酸钙20千克或3000千克30%大粪稀；以后每隔2周追1次肥，追肥后立刻灌水，一般2次水1次肥。

随着外温的升高，逐渐加大通风量。温室前屋面及顶部膜开口或扒缝；大棚四周扒大缝或四周薄膜全部卷起通风，降温降湿。

盛果期通风量加大，昆虫增多，不进行授粉也可以结果。但为保证大量结果，可继续在清晨人工授粉，也可以用浓度为15毫克/千克2，4—D或25毫克/千克番茄灵溶液涂抹花柄或喷洒整朵花，能很好地保花保果。

这个时期侧枝分生量很大，应经常整枝打杈，无雌花或前3节无雌花的侧枝及时剪除，保留有瓜的健壮侧枝结瓜。

(四) 结果后期管理

为延长采收期，应加强管理，延迟植株衰老。

注意摘除细弱侧枝、开花过晚的侧枝，促进已坐住的瓜条长成。剪除无瓜老蔓及老叶、病叶等，彻底整枝打杈1次后，重施追肥1次，保秧促果，追肥后立刻浇水。

随着外温降低逐渐缩小通风口，加强保温。进入10月中下旬，外温越来越低，可先加盖草苫，再加盖纸被保温。

四、适时采收

瓜条上的突起饱满、瓜顶发亮时及时采收上市，畸形瓜及第1个瓜要及早摘除。注意避免漏采，以免降低商品性并压瓜坠秧。

一般前2条瓜适当早收，上冻或拉秧前1次性收获完毕。用剪刀小心剪收，防止扯坏瓜秧。

第五节　苦瓜病虫害防治

苦瓜抗病虫的能力较强，很少发生病虫害，偶有炭疽病和蚜虫发生。

一、炭疽病

1. 症状　茎、叶、果实均可发病。从下部叶片开始浸染，发病初期呈水浸状斑点，继而扩大为椭圆形黄褐色病斑，病斑外缘一圈黄晕，严重时叶片枯黄。茎上病斑稍凹陷，后期纵裂。果实上病斑开始呈水浸状退绿，扩展后形成椭圆形或纺锤形稍凹陷的病斑，病斑周边有时隆起。潮湿条件下，病斑表面常产生粉红色黏稠物。

2. 发病条件　病菌在病体残枝上、种子内等地方越冬，借雨水、昆虫传播。炭疽病发病适宜的温度为 24℃左右，相对空气湿度 80%以上。在低洼、连作、种植密度过大的地块容易发生。

3. 防治方法　实行 3 年以上轮作。选用排灌良好的地块。合理密植。选用无病种子，播种前用 100 倍的福尔马林液浸种 25 分钟，或用 55℃的温水浸种 15 分钟杀菌

田间发病后立刻用药物防治。用 50%甲基托布津 800～1000 倍液，或 50%炭疽福美可湿性粉剂 500 倍液，或 75%百菌清可湿性粉剂 600 倍液，或 50%多菌灵 500～600 倍液。每隔 1 周喷雾 1 次，几种药交替使用，连喷 3～4 次。露地喷药遇雨后要补喷 1 次。

二、蚜虫

苦瓜在干旱条件下易受瓜蚜为害，注意清理田间卫生，发现蚜虫及时防治，请参照“菜心的菜蚜防治方法”。

第六章 节 瓜

节瓜又名毛瓜、毛节瓜。节瓜是冬瓜的一个变种，在广东和广西两省栽培比较普遍。节瓜较耐热，栽培容易，产量高，嫩瓜老瓜均可食用。在广东除供应本地外，还远销香港、澳门，是夏、秋季不可缺少的蔬菜品种。

节瓜比冬瓜果肉硬，肉质柔滑，风味清淡，既可做汤、炒食，又是做馅、涮锅子等的极佳材料。不但营养丰富，而且还具有消暑解毒、化痰消肿等药用价值。

在吉林省既适于露地栽培，又适于保护地栽培，其中保护地栽培产量、品质更佳。

第一节 节瓜的类型和品种

一、主要类型

节瓜按老熟果的蜡粉有无分为被蜡粉的、无蜡粉的，按成熟的快慢分为早熟种与迟熟种。

二、优良品种

吉林省引种的品种很少，表现非常好的为“黑毛节瓜”，该品种既适于露地栽培，又适于保护地栽培。还有“孖鲤鱼”等。

1. 黑毛节瓜　又名黑皮青、乌皮七星仔，植株生长势强，分枝多。主蔓4～8节着生第1雌花，以后隔4～6节着生1个雌花，有些连续着生雌花。果实柱形，长18～21厘米，粗6～7厘米。因皮色浓绿，具茸毛，称为黑毛种。茸毛较硬，果面具暗纵纹斑点。肉厚致密，品质优良。单果重约500克。种瓜无蜡粉。幼果

150～200 克采收。

2. 孖鲤鱼　早熟品种。生长势强，主蔓第 3 节以上着生第 1 雌花。条件适宜时，能连续着生雌花。一般单果重约 500 克。该品种适应性强，结瓜多，种瓜无蜡粉。

第二节　节瓜栽培季节和栽培方式

节瓜在吉林省露地和保护地均可栽培。无霜期内露地栽培。由于吉林省无霜期较短，因此一般都育苗移栽，不进行直播。大约 4 月中下旬在温室或大棚中播种育苗，苗龄 40 多天，5 月下旬终霜后定植于露地，7 月开始收获。虽然初霜是 9 月下旬，但立秋过后天气逐渐转凉，节瓜生长非常迟缓甚至停止，因此露地栽培节瓜产量不高。

节瓜大棚越夏连秋栽培。一般于 2 月末、3 月初在加温温室内育苗，苗龄 50 多天，4 月下旬或 5 月初在大棚中定植，一直到 9 月末或 10 月初结束。节瓜喜温耐热，对大棚的环境条件适应能力较强，在大棚中栽培前期收嫩瓜，后期收老瓜，产量较高。

节瓜在日光温室中也可以栽培，但由于日光温室空间小，成本投入又高，因此栽培面积较小。

第三节　节瓜露地栽培技术

一、培育壮苗

（一）浸种催芽

节瓜种子发芽不整齐，必须浸种催芽后播种。选用饱满粒大的种子，用 75℃左右热水烫种，边倒边搅拌，水温降到 30℃左右，浸种约 6 小时，水量为种子量的 5 倍。捞出甩干用湿纱布包好，置于 30℃以上的条件下催芽。催芽期间每天用温水清洗 2 次，3～4 天可发芽，温度低时发芽慢。

热水烫种有消毒灭菌、加速出芽的作用。也可以用钳子等嗑开种壳，然后浸种催芽。

一般每1000平方米栽培面积用种量为0.5千克。

（二）营养土配制

生产上常用过筛后的田土5份、腐熟马粪等优质有机肥4份、大粪面1份混匀制成育苗用营养土。还可以每吨营养土中加入硝酸铵3千克、磷酸钙2千克、氯化钾2千克、草木灰10千克，以增加肥力。

（三）播种

1. 播种盘播种　用自制木箱或购买的塑料播种盘，装入沸腾炉灰渣或配好的营养土，将种子按2厘米间距摆入盘中，覆土2厘米，浇透水，覆盖报纸等保湿。沸腾炉灰渣通透性好，幼苗根系发育明显优于土壤。另外沸腾炉灰渣已经高温消毒，无病虫害。

2. 营养钵播种　育苗面积较宽裕时，可直接播于营养钵或纸钵中。在装好营养土的钵中，摆上1粒带芽的种子，覆土2厘米，浇透水，摆放在温室或大棚地床上。

（四）苗期管理

1. 温度　在出苗前，给以较高的温度促进出苗，白天30℃～35℃、夜间15℃～20℃较宜；出苗后适当降温，控制徒长，白天25℃～28℃、夜间12℃～15℃。育苗盘播种的，子叶展平后即行分苗，分在上口径7厘米的营养钵中，浇透水，为促进缓苗，可适当提高温度，白天28℃以上、夜间20℃左右。

定植前10天加强秧苗锻炼，如果外温白天高于20℃时，可揭膜晒苗。夜间不低于15℃时，不再闭风保温。

2. 水肥　出苗前保持湿润，促进出苗，但水分不宜过大，否则易缺氧烂种。出苗后见干见湿管理，控制徒长。如果土壤发白干燥或叶片皱缩无光泽，颜色加深，中午萎蔫严重，证明已经缺水，要及时给水。定植前适当控水，锻炼秧苗。苗期喷2次叶面肥，用0.2％磷酸二氢钾加0.1％尿素水溶液喷施。

3. 光照　幼苗出土后，尽量给以充分的光照，保温物白天要揭开，经常清洁屋面以提高光照透过率。

4. 其他　及时拔除杂草，并倒苗1～2次，以使苗齐苗壮。

二、适时定植

（一）整地施肥

节瓜根系发达，要在头年秋天深翻土地晒堡。春天提前10天整地施肥，每1000平方米沟施优质有机肥（如猪粪、牛粪、马粪等）3000千克左右。做成120厘米宽的高畦或60厘米宽的高垄，也可以覆地膜栽培。

（二）精细定植

宽120厘米高畦栽双行，宽60厘米高垄栽单行，株距60厘米左右。晴天上午，选优质壮苗，刨埯定植，每埯施口肥5克左右，与土混匀，将苗坨栽入埯内，浇透埯水，覆上一层干土保湿，浇上沟水。

三、田间管理

（一）水肥管理

1. 灌水　节瓜喜湿，叶面积大，蒸腾量多，要经常保持土壤湿润。缓苗后及时浇缓苗水，每次追肥后立刻浇水。进入结果期植株需肥量增大，但这时雨水也较多，因此要视天气情况浇水。无雨时，每周浇1次水。雨季随时注意排水。

2. 追肥　坐瓜后，追施1次“催瓜肥”，每1000平方米穴施800～1000千克腐熟大粪干，或磷酸二铵25～30千克；进入盛果期再追肥2～3次。追肥后立刻浇水。

（二）植株调整

1. 插架　缓苗水后，一畦2行或2垄植株绑成“人”字形架。节瓜蔓较长，将基部35厘米茎蔓在茎节处压土，促发不定根，然后引蔓上架，用绳将瓜蔓和架杆以“8”字形绑好。

2. 整枝打杈　第1个瓜以下各节发生的侧枝全打掉，保证主蔓结瓜。第 1 个瓜以上侧蔓选留粗壮的，细弱侧蔓及时打掉。

（三）中耕除草

缓苗后至封垄前中耕除草 2～3 次，并适当培土。及时防治病虫害。

四、适时收获

节瓜嫩果、老熟果均可食用，吉林省较习惯食用老熟果。嫩果开花后 10～12 天，果重 0.25 千克左右即可采收。一般嫩果采收不宜超过花后 15 天。每株能采收嫩瓜 8～10 个。

一般开花后 30～40 天果实达生理成熟，这时收的老熟瓜耐贮藏、品质好，在冷凉的环境条件下可贮存 20 天左右。1 株能收 4～5 个老瓜。

收瓜时用剪刀从果柄处小心剪下，避免损坏瓜秧，影响后期产量。

第四节　节瓜大棚栽培技术

一、培育壮苗

（一）浸种催芽

宜选用“黑毛节瓜”品种。用 75℃热水烫种 10 分钟，温水浸种 4～6 小时左右，置于 30℃条件下催芽。将个别先出芽的种子拿出播种或置于冰箱中，待大部分发芽后一齐播种。一般每1000平方米大棚需播种量 0.3 千克左右。

（二）播种

将出芽的种子播于装有营养土或沸腾炉灰渣的育苗盘中，也可以播在装有营养土的营养钵中，但要保证 8～10 厘米见方的营养面积。可以育成 50 天左右苗龄的大苗，也可以培育 35 天左右苗龄的小苗。

（三）苗期管理

1. 温度　播种前期外温较低，要适当加温，严格保温，保证秧苗顺利出土、生长。这时地温较低，起码出苗前应置于架床、酿热温床或电热温床上提高温度，促进尽快出齐苗。出苗后再适当降低气温。待子叶展平及时分苗，分苗既有利于增大营养面积，又起到蹲苗、促发侧根的作用。分苗缓苗前，温度稍高些以便加速缓苗。

必须特别注意阴天要适当降低温度 3℃～5℃，否则在光照较弱的条件下，高温会引起徒长。苗期低夜温管理有利于雌花的形成。在定植前 1 周加强通风，逐渐降温并适当控水蹲苗，增强秧苗抵遇不利环境条件的能力。

2. 光照　温室育苗要注意尽量早揭晚盖草苫子。这个时期光照很弱，要采取各种措施增强光照。虽然短日照有利于雌花形成，但由于此期正值日照较短期，足以满足雌花分化所要求的日照条件，因此不需要人为给予短日照处理。

温室内的温度、光照条件分布并不均匀，因此育苗期间视秧苗生长状况，需倒苗两次。

3. 水肥　节瓜 3 片叶前易徒长，适当控水。3 片真叶后喷施 1～2 次叶面肥壮苗。定植前适当控水炼苗。当苗期水分过多时，叶色较淡，叶片上举，吐水严重，中午也不萎蔫；水分缺乏时，叶色深绿无光泽，严重时早晚萎蔫也不易恢复；水分适合时，植株叶色青绿有光泽，叶片肥厚，幼苗敦实。

二、适时定植

（一）定植时期

当大棚内 10 厘米土层温度稳定在 12℃以上，气温不低于 6℃方可定植。一般与黄瓜同期或稍晚定植即可。

（二）整地施肥

定植前 1 周精细整地，每1000平方米沟施优质有机肥4500千克，并加入 30 千克硫酸钾。先翻地 30 厘米深，再以 1.5 米间距开沟下肥，合沟后整平耙细。

节瓜蔓粗叶大、叶柄也长，为便于作业和提高通透性，应适当稀植。一般做成 1.5 米的高畦，畦面净剩 60 厘米，过道 90 厘米宽。为提早定植、提早收获、降低棚内湿度，可进行地膜覆盖，地膜覆盖前结合整地灌透水。

（三）精细定植

1. 定植密度　如果插架栽培，并进行重整枝打杈的，一般栽双行，畦内行距 45 厘米、株距 50 厘米；如果大棚构架比较结实，生长后期植株超出架后，瓜蔓能吊于大棚架上，不用精细整蔓，放任生长时，则要稀植，株距 1.5～2.0 米。

2. 定植方法　选寒末暖初的晴天上午，选优质壮苗，挖埯定植。每埯施 5 克磷酸二铵做口肥，肥与土拌匀。将脱掉营养钵的秧苗平坨栽于定植埯中，浇透埯水，水沉后用细干土封埯以保温保湿，并避免跑气伤苗。

封好埯后，用锹将畦沟清平以便灌匀沟水。也可以稍带点坡，但坡太大、水过急，不易灌透，并使高的一头和低的一头给水不一致。

三、定植后的管理

（一）通风换气

定植后立刻密闭大棚严格保温，5～7 天内一般不需要通风，除非温度高于 38℃以上方进行短期通风。

缓苗后，随着外温升高，逐渐加大通风量。当棚内温度超过 32℃以后即开始通风，可以先开门通风，再通两边的腰风，当温度降至 25℃时停止通风。当外界夜温不低于 12℃时，可以昼夜通风。进入 8 月中下旬，外温逐渐降低，通风口要逐渐缩小，进入 9 月，夜间温度低于 10℃时要闭风，至 9 月中下旬除偶尔通风降湿，基本密闭保温。

（二）整枝打杈

缓苗水后及时用粗竹竿搭直立架，绑蔓上架。以后随茎蔓延长，应随时绑蔓，两个绑绳间距 50 厘米左右。

节瓜主侧蔓均能结瓜，但前半期产量以主蔓结瓜为主，后半期以侧蔓结瓜为主。因此，结瓜前摘除全部侧蔓以保证主蔓生长和结瓜。第1个瓜后，选留中上部健壮有雌花的侧枝。侧枝在人工授粉后及时摘心，以满足瓜条生长所需的营养。

可以爬蔓于大棚拱架上时，后期可以放任生长，不再整枝打杈。也可以在炎热季节时，将一部分瓜蔓从大棚四周引出棚外，这样既扩大营养面积，又增加了侧蔓结瓜量。

节瓜主蔓往往不摘心，随着结瓜节位上升，可落架2～3次，让生长点等高绑蔓。

进入盛收期，蔓上挂瓜较多，容易压倒瓜架，为此用绳将瓜架与瓜蔓一并吊于棚架上，以减轻瓜架的压力。但棚架过于单薄时会承受不住，有损坏棚架的危险。

（三）授粉、吊瓜

人工授粉是节瓜大棚栽培成功的关键。大棚栽培前期，由于通风量小、高温高湿、栽培季节较早等，不利昆虫传粉授粉。而节瓜授粉不良或不授粉，极易化瓜或产生畸形瓜，因此必须辅助人工授粉。栽培后期通风量加大、昆虫量也增加，可以不必再行人工授粉。

人工授粉宜在清晨、开花当天的9点钟以前进行。选当天开放的、肥硕雄花，去掉花冠，将花粉轻轻抹在雌花柱头上。1朵雌花用2朵雄花授粉，异株雄花授粉坐果率更高。

一般采收嫩瓜不需吊瓜。老熟瓜较重，需要人工吊瓜。当果实长到3千克以上时，用绳“8”字形套在果柄上，“8”字形的交叉点在果柄弯曲处的底部，绳的上端系在瓜架上部横杆上，吊绳要松紧合适，使瓜的重量完全由绳承担。

（四）追肥灌水

节瓜生长量较大，需肥、需水量较多，应加强肥水管理。但节瓜根系较发达，能吸收深层营养和水分，因此不必刻意增大追肥、灌水量。

着重结果期追肥，从坐果开始每半个月追肥1次，每1000平方米追硫酸铵 30～35 千克，穴施后立刻灌水。前期地温低，浇过缓苗水后要适当控水。进入结果期需水量增加，天气渐热，每 7～10 天灌水 1 次。每次灌水要灌透，有利于根系向下扎，因根有趋水性。

采收后期天气转冷，生长量降低，通风量减少，尤其采收老熟瓜，更应减少灌水量。

四、适时采收

节瓜大棚栽培生长快，嫩瓜宜在花后 7～10 天采收。花后 35 天采收老熟瓜，老熟瓜可立刻上市，也可贮藏至淡季分期上市。一般 9 月末采收的老熟瓜码于凉冷处可贮存 1 个月左右，注意经常检查，避免伤热或受冻。

第五节　节瓜病虫害防治

节瓜抗病性较强，病虫害较少。

一、白粉病

1. 症状　主要为害叶片、叶柄、茎蔓。刚发病时在叶片表面出现白粉状霉点，以后逐渐扩大，病斑连成片，整片叶布满白色粉状物，后期呈灰白色，有时病斑上还出现黑色小粒点。病情严重时，叶片干枯、卷缩。

2. 发病条件　病菌在土壤中越冬，温室生产周年都可能发生。发病适温 16℃～24℃。相对湿度越高发病越重。

3. 防治方法　选用抗病品种，加强田间管理，降低湿度。发病后用 50％甲基托布津可湿性粉剂2000倍液，或用 25％粉锈宁可湿性粉剂2000倍液，或用 75％可湿性粉剂 800 倍液进行喷雾，6～7天喷 1 次，连喷 3～4 次。

二、红叶螨

1. 为害状　先从老叶为害，在叶背吸食汁液，呈褪绿斑点，逐渐变成灰白斑和红斑。严重时叶片枯焦脱落，甚至成火烧状。

2. 防治方法　清理田间卫生，减少虫源。经常检查虫情，发现后立刻喷药，可用35％杀螨特乳油1000倍液，或20％三氯杀螨醇乳油1000倍液等，7～10天喷1次，连喷2～3次。

第七章 豌　豆

豌豆又名麦豆、金豆、胡豆、青小豆、荷兰豆等，全国各地均有栽培。但吉林省栽培较多的为硬荚豌豆，主要青嫩子粒。吉林省近十来年从南方、国外大量引种试栽软荚做菜用，是豌豆的一个变种。

豌豆的嫩荚、嫩粒爽脆清香，富含蛋白质、维生素、氨基酸等多种营养物质，不但可炒食或做汤，还可供作速冻、罐头制品及小食品的原料，行销国内外。此外，嫩梢嫩叶也视为菜中珍品，绿玛瑙似的豌豆更是配菜、拼盘不可缺少的佳品。

第一节　豌豆的类型和品种

一、主要类型

依照豆荚的软硬分为软荚豌豆和硬荚豌豆；依照植株高矮分为矮生种、半蔓生种和蔓生种；按种子外观分为光粒种子和皱粒种子等。

（一）硬荚豌豆

硬荚豌豆的内果皮厚组织发达，成熟时此膜呈羊皮纸状，荚不可食用，以青豆粒供食。

（二）软荚豌豆

软荚豌豆的内果皮厚组织发生较晚，纤维量少，采收嫩荚为主，豆粒也可食用，还用于生产豌豆苗。下面主要介绍荷兰豆（软荚豌豆）的栽培技术。

二、优良品种

1. 台湾 11 号　中早熟。茎蔓生，分支性强。花白色带紫。

荚青绿色，扁形稍弯。品质脆嫩，味甜可口。适于春季提早栽培。

2. 草原 21 号　中早熟。半蔓生，分枝性中等。花白色，嫩荚浅绿色。品质中等，适于整荚炒食或加工速冻。

3. 溶糖豌豆　中早熟。植株生长势强，半蔓性。花紫红色。嫩荚绿色，荚大肉厚，香甜质优，可供炒食或汤食。

4. 大荚豌豆　蔓生种，茎叶粗大，分枝性强。花紫色。荚宽大，凸凹皱弯不平滑，品质极佳。熟性比前 3 个品种稍晚。

5. 食荚大豌豆　吉林省农业科学院作物研究所和吉林省种子总站从四川农业科学院引进，1990 年吉林省审定、推广。早熟种。植株半蔓生，长势中等，株高 70～80 厘米。茎叶绿色，花白色。荚翠绿色，扁长形，形状似扁豆。荚长 11 厘米左右，宽 2.9 厘米左右。荚皮无筋，脆甜可口。单荚重约 7 克。种子圆形，千粒重 180 克左右。

6. 延引软荚豌豆　延吉市种子公司 1983 年从日本引进，1990 年吉林省审定、推广。早熟种。植株半蔓生，长势中等，株高 140 厘米左右。茎叶绿色，花白色。嫩荚绿色，短圆棍形，荚长 8 厘米左右、宽 1.7 厘米左右。荚皮无筋，肉厚味甜，单荚重 7～8 克。种皮绿有皱缩，千粒重 230 克左右。

还有很多引自日本或美国的豌豆品种，软荚豌豆在发达国家栽培较多。一般生产上多选用矮生或半蔓生品种进行露地栽培，保护地栽培常选用收获期长的蔓生或半蔓生品种。

第二节　豌豆栽培季节和栽培方式

豌豆露地、保护地均可栽培。一般在当地解冻后（吉林省大约 4 月中旬），即可露地干粒直接播种。播种过晚，生育期缩短，降低产量。但也不要盲目提前，播种过早，地温较低，不利种子发芽，甚至造成烂种缺苗。适宜的播种期，有利于利用早春冷凉的气候促进生育，使之在炎热季节到来前开花结果，大约6月中旬后就能开始采收。露地多用矮生、半蔓生品种，采收期集中，最多1个月左右。

保护地栽培多用塑料薄膜大棚，采光好，能提前1个月种植并延长结果期。豌豆的大棚栽培，既可直播，又可提前在温室中育苗后定植于大棚中。一般2月上中旬在温室播种育苗，3月中旬待秧苗4～5片真叶时定植，5月中旬开始收获，收获期30～40天。也可在大棚土壤化冻后即行播种，与育苗移栽相互接续上市。

日光温室栽培可提前到2月下旬或3月上旬直播或育苗移栽，苗龄25～30天，5月初左右即可采收嫩荚上市。但由于日光温室成本高、管理复杂，因此要根据市场需求状况、成本和销售价格来决定栽培场所。

通过生产实践发现，吉林省秋茬豌豆的幼苗期正值炎热季节，既不利于花芽分化，又易得白粉病等，因此认为秋季露地或大棚基本不适宜栽培。

秋季日光温室播种期虽然可推迟些，但由于发芽期、幼苗期温度仍很高，花芽分化不好，因此结果数较少，产量较低，栽培面积较小。

第三节　豌豆露地栽培技术

一、整地施肥

豌豆播种期早，最好头年秋天深翻地起垄，或春天起垄。起垄前施入基肥，每1000平方米撒施优质农家肥3000～5000千克，粪要扬匀，整细耙平，打60厘米宽的大垄或1.2米宽的高畦后镇压保墒。

二、适时播种

选粒大饱满的种子，开沟条播。播幅10厘米宽，每隔20厘米播 2～3 粒，最好拐着播，每1000平方米用种量 15～20 千克。播种后覆土 4～6 厘米，垄、畦要平，稍做镇压。垄种单行，畦种双行。

露地豌豆栽培也可以提前 25～30 天在保护地内播种育苗，4 月中旬定植于露地。

三、田间管理

（一）支架绑蔓

当植株开始出现卷须、甩蔓时，用竹竿、秫秸等顺垄或行搭架。用绳将茎蔓绑于架杆上，避免茎蔓倒伏于地面而影响生长和作业。

（二）中耕除草

豌豆出苗后即行中耕，到封垄前中耕 2～3 次。豌豆下部侧枝发生量较多，中耕培土时不要损伤或埋住下部的侧枝。封垄后有大草用手拔除。

出苗后要查苗补苗，缺苗断条处可间拔补栽，也可以发芽坐水补种，但出苗前尽量保持土壤湿润，避免芽干，以促进正常出苗。

（三）追肥灌水

露地豌豆浇水次数既要看植株长相，又要看天气雨量情况。一般出苗前不宜浇水，在苗期穴施硝酸铵，每1000平方米 25～30 千克左右，追肥灌水 1～2 次，以促进茎蔓生长。进入开花结果期，需加强肥水管理，第 1 花序坐荚后，每1000平方米穴施过磷酸钙 25 千克左右或复合肥 30 千克左右或人粪尿1000～1500千克，追肥后立刻灌水。盛果期叶面喷施 0.2%磷酸二氢钾溶液、0.2%硼砂溶液、0.02%钼酸铵溶液有利增进品质、提高产量，但一定注意溶液的浓度要准确。根据干旱状况和雨量多少进行水分管理，一般开花结荚期浇水 2～3 次。

豌豆不耐涝，雨量过大时要加强排水，避免田间积水而造成烂根或引发病害。

四、及时收获

开花后 10～12 天嫩荚已长够大、种子刚要鼓起时采收嫩荚，此时采摘豆荚脆甜。采收过晚，豆粒已鼓起，荚皮不够脆嫩，品质下降。豌豆收获作业习惯上是用手摘，“摘豆角”容易扯断茎蔓、损伤嫩荚，因此宜用剪刀剪收。

第四节　豌豆保护地栽培技术

这里主要介绍豌豆的大棚栽培技术，日光温室栽培技术与大棚大同小异，但日光温室种植较早，前期要加强保温增光管理，栽植密度比大棚适当增大。

一、培育壮苗

保护地栽培一般先行与温室中育苗，育苗移栽能提早成熟，也便于给以优越的条件进行集中管理，培育壮苗，从而达到优质高产高效之目的。

（一）浸种催芽

浸种催芽出苗齐、出苗快。

浸种催芽前，挑选粒大饱满的种子，剔出杂质、小粒、破瓣、有虫眼的种子。大面积栽培，用种量大时用 40%盐水进行选种，除去漂在上部的种子，余下的种子洗净后用来浸种催芽。

一般用温水浸泡 14～16 个小时，捞出甩干用湿布包好，种子量大时用麻袋等装好，放在 20℃左右的温暖地方催芽，1～2 天种子发芽后开始播种。也可以将刚出芽的种子放入冰箱中，在 2℃～4℃的低温条件下处理 15 天左右再播种。经低温处理的种子，幼苗健壮，而且促进花芽分化，降低花序节位，提前开花，增加产量。

有的种子买来时已经过“包衣”处理，种子比较整齐饱满，不用再选种，也不能浸种催芽，一旦浸种，包在种子上的种衣剂就会溶下来，失去了包衣的作用。包衣种子本身具备出苗快、出苗齐、幼苗健壮的特点，可以直接进行干子播种。

（二）适时播种

在大棚定植期前 30～40 天播种。豌豆属直根系并生有根瘤的豆类蔬菜，如果苗期多次移植不但影响根系的发育，也会阻碍根瘤的形成，因此最好用营养钵进行护根育一手苗，不行移植。

用充分腐熟的马粪 30%、鹿粪 20%、田土 50%，过筛后混匀，每1000千克营养土中再加 0.5 千克硝酸铵、10 千克过磷酸钙，拌匀后装钵播种。

在 7 厘米×7 厘米或 10 厘米×10 厘米的营养钵中，每钵播 1～2 粒种子，覆土 3～4 厘米，浇透水。不要将营养土装得满满的，土面离钵顶 0.5～1.0 厘米，有利于浇透水。每1000平方米栽培面积用种量约 12 千克。

播种后立刻将营养钵摆于温室内的地床上，或电热温床及架床上，也可以扣小拱棚保温。

如果大棚直播栽培要在 3 月上中旬化冻后，1.2 米宽的畦播双行，穴距 30 厘米，每穴 2～3 粒种子，每1000平方米用种量 15 千克左右。

（三）加强管理

出苗前保持 20℃左右的高温促进出苗；出苗后应降温到 10℃～15℃；避免徒长；定植前 1 周通风锻炼，温度逐渐降到 2℃左右，并适当控水，以增强抗性促进花芽分化。

在保温的基础上，草苫子早揭晚盖，增加室内的光照，并经常清洁透明屋面。

育苗期间温度不高、光照也弱，因此需水量不多，采取不旱不浇水的原则。如果钵内土壤干燥，幼苗暗淡无光、蜡粉较多时表明已经缺水，应及时浇水。幼苗长势不匀时及时倒苗，苗期倒苗 1～2 次，倒苗后浇水稳根。2 片真叶后，发现幼苗缺肥时、叶面喷施 0.2%磷酸二氢钾 1～2 次。

拔除杂草，防治蚜虫。

二、整地作畦

选用4年以上未种豆科蔬菜的大棚。棚内土壤化冻后，每1000平方米撒施腐熟厩肥2500千克、过磷酸钙40～50千克，深翻25～30厘米，整平耙细，做成1.2米宽的高畦，畦面净剩60厘米宽，覆盖地膜，地膜要扯平拉紧。

三、提早定植

3月中旬选晴天进行定植，选优质壮苗，一畦双行，株距20厘米，每埯施5克磷酸二铵做口肥，用土填严苗坨与定植穴周围土壤的间隙，浇透埯水，水沉后覆土封埯保湿。

根据天气状况决定是否浇沟水，若天气寒冷，可过几天温度升上来后再补浇沟水。

四、定植后管理

（一）植株调整

定植时秧苗已达4～5片叶，因此缓苗水后要抓紧插架绑蔓，以后随着植株的长高、分支的增多每周要绑蔓1次。当植株上满架后或距棚膜25厘米左右时摘心。摘心的目的：一是促发侧枝，增加产量；二是豌豆在大棚中长势较旺，主蔓超过2米以上，摘心便于摘收，也便于喷药等管理作业。

到采收后期，要及时剪除病弱无荚的侧枝，保留有雌花或小荚的侧枝。

（二）通风换气

定植后立刻闭棚保温，促进缓苗。缓苗后外温还很低，仍以保温为主，大棚中央挂几个温度计，温度计的感温部分（装水银或酒精的一头）用不透光材料遮住，避免日光直射。不超过25℃不通风；超过25℃时短暂通风降温，15℃后立刻闭风保温。

到4月中下旬后，外温逐渐升高，逐渐加大通风量，由开门通风到两边扒大缝通风，白天保持在15℃～18℃、夜间10℃左右。

浇水后即便阴天也要适当通风降湿，湿度过大易得病并使病情蔓延。

（三）追肥

灌水缓苗后立刻浇 1 次缓苗水促进茎蔓迅速生长。缓苗水后，由于外温较低，大棚处于保温状态，因此浇透缓苗水（或播种底水）后，不旱不浇水。进入开花结果期，植株需肥水量加大，并因通风量加大使土壤水分蒸发量也增多，因此应加强肥水管理。

豌豆具有固氮能力，所以除抽蔓和开始见荚时各施 1 次氮肥外，大量结果后，主要追施磷、钾肥，一般在第 1 花序坐荚时 1 次、盛果期 1 次，采收后期 1 次，增施磷、钾肥可增加分枝数、果荚数和粒数，提高产量。

每1000平方米每次穴施硝酸铵 15 千克、硫酸钾 30 千克、过磷酸钙 22.5 千克左右。追肥后立刻灌水。进入结果期一般 1 周浇 1 次水。

五、及时采收

嫩荚宜在开花后 12～14 天采收，第 1 花序的嫩荚适当早收，既可早上市，又能促进上部荚果的生长。采摘后及早趁鲜上市。俗语说："摘不净的豆角"，说明豆角比较容易漏采。因此豌豆采收一定要细致认真，否则不但漏采的荚果老化、品质下降，而且坠秧、耽误茎蔓及其他荚果的正常生长发育。

第五节　豌豆苗栽培技术要点

豌豆苗又名豌豆尖、龙须菜，在南方很受消费者欢迎，在吉林省目前主要供给宾馆饭店，尤其栽培期较短的豌豆芽已成各饭店不可缺少的美味佳肴。

豌豆苗或豌豆芽富含蛋白质、脂肪、碳水化合物、维生素及氨基酸，其中胡萝卜素、抗坏血酸是番茄的几倍，而且口感脆滑清香，在国内外都被视为珍品。

豌豆苗或豌豆芽栽培期短、病虫害少，也适于无土栽培，因此常被作为富含营养的优质、保健、高档安全型蔬菜而备受青睐。

一、豌豆苗的栽培场所

豌豆苗可用营养土，也可以用沙培。最好在温湿度容易控制的温室或大棚中遮光栽培，产品质量好，产量高。宾馆、饭店也可自行在室内栽培。

二、有土栽培

参照豌豆栽培，精细整地，施足基肥，做成 1.2 米宽的低畦，将带芽的种子条播于栽培畦中，行距 20 厘米、株距 7～8 厘米，浇透沟水，覆土 3～4 厘米。每1000平方米播种量 30 千克左右。

栽培期间只浇水保湿不追肥，或者叶面喷洒 0.1%尿素和 0.2%磷酸二氢钾混合液。保持日温 20℃～25℃，夜温 8℃～15℃。当苗高 15 厘米左右时贴根基部割下，捆把上市。

三、无土栽培

用河沙苗床密集播种，浇透底水，上覆一层湿沙。出苗后，再分次覆盖过筛的细沙。保持河沙湿润，但避免过湿而烂苗。当豆苗长到 15 厘米时停止覆沙，使苗尖 1～2 片小叶露出沙面，当苗尖经阳光照射变绿时，将豆苗挖出捆把上市。这种方法虽然费工，但豌豆苗比较脆嫩。如果不覆土栽培，则豆苗较老，宾馆、饭店室内沙培一般只浇水不覆沙。

也可以水培，即在育苗床中铺上 1～2 层报纸或吸湿纸，将催好芽的种子均匀撒播，1 平方米播1500克种子。经常喷水保持垫纸湿润，待苗高 15 厘米左右靠豆粒的茎基部剪割。一般产量是种子重量的 2 倍以上，2 周以上即可收获 1 次。可搭架立体栽培。

第六节　豌豆病虫害防治

一、炭疽病

1. 症状　从幼苗期至采收期地上各部位均可受害。幼苗子叶出现红褐色至黑褐色圆形斑，凹陷后腐烂。幼茎上形成条状锈色斑，凹陷和龟裂，严重时幼苗枯死。成株在叶片、叶柄和叶脉上病斑稍凹陷，常沿叶脉扩展成多角形小条斑，红褐色至黑褐色。严重时，病斑破裂或穿孔，叶片畸形，后期干枯脱落。茎上产生凹陷病斑，后期龟裂。豆荚发病初期出现小褐色斑，逐渐扩大、凹陷成褐色圆斑，严重时连成不规则的大斑以至腐烂。潮湿时病斑边缘有深红色的晕圈，病斑内分泌出肉红色的黏稠物。种子受害，病斑呈不规则形，黄褐至褐色，易造成烂种。

2. 发病条件　病原菌存在于有病残体、种子上，借风雨、昆虫及田间作业接触传播。发病适温为14℃～18℃，最适相对湿度100%。多在湿润冷凉条件下发病。另外连作、黏重低洼地、种植过密，都可以加重病情。

3. 防治方法　选用无病的种子轮作。雨后注意排水，降低棚室内的湿度。播种前用种子干重0.2%～0.3%的50%多菌灵可湿性粉剂拌种消毒。

发病后喷药防治，可用75%百菌清可湿性粉剂600倍液，或50%多菌灵可湿性粉剂800倍液，或70%代森锰锌可湿性粉剂500倍液，1周1次，连喷2～3次。喷后24小时内遇雨要补喷。

二、白粉病

1. 症状　叶片、茎、豆荚等均可发病，一般先从叶片开始发病，叶面病斑初期为淡黄小点，扩大后成不规则的圆形粉斑，以至全叶正、背面覆盖一层白色粉末，受害严重时叶片迅速枯黄。嫩茎、叶柄、豆荚染病后病部布满白粉。在病后期，病发斑上散生小黑点。

2. 发病条件　病原菌在病残体上越冬，翌年春经气流传播引起浸染。温暖潮湿条件下发病较重。有时土壤干旱或氮肥施用过多，植株徒长，也容易发病。

3. 防治方法　避免重茬，通风排水良好，不偏施氮肥，增施磷、钾肥，增强植株抗性。

田间发病后，立刻用 25%粉锈宁可湿性粉剂2000～3000倍液，或50%多菌灵可湿性粉剂1000倍液，或70%甲基托布津1000倍液，隔 2～3 周喷 1 次，连喷 2 次。

三、潜叶蝇

潜叶蝇又称叶蛆，发病比较普遍。

1. 为害状　幼虫在叶片组织中潜食叶肉，形成迂回曲折的隧道。严重时全叶枯萎，影响茎叶及果荚的生长发育，降低产量。

2. 防治方法　清理田园卫生，减低虫源基数。发现叶片上有虫道时开始用药，常用药剂为 90%美曲膦酯晶体，7～10 天喷 1 次，连喷 2～3 次。

第八章　莴　　苣

莴苣为形成叶球或嫩茎的 1 年生或 2 年生草本植物。原产地中海沿岸和小亚细亚。国外栽培极为普遍，我国华南一带栽培较多，吉林省 1990 年起引进结球型莴苣。

莴苣按产品器官分为叶用莴苣和茎用莴苣两类，叶用莴苣又称叶生菜或生菜。类型多种：有结球、半结球、散叶之分；紫红色、绿色之分；脆叶、软叶之分。叶片脆嫩爽口，可生食、凉拌，是生食菜中的上品，另外还可炒食、做汤或涮火锅。茎用莴苣，即莴笋，主要食用肉质嫩茎，生食、凉拌、炒食、干制或腌制，嫩叶也可食用。

莴苣营养丰富，还含有乳状、带有轻微苦味的莴苣素等，能刺激食欲，并有降低胆固醇、催眠、利气、明目、通便等作用。

第一节　莴苣的类型和品种

一、主要类型

按产品器官分为叶用莴苣和茎用莴苣两类。

（一）叶用莴苣

1. 直立莴苣　又称散叶莴苣。叶全缘或有锯齿，外叶直立，一般不结球或有松散的圆筒形或圆锥形叶球。欧美栽培较多。

2. 皱叶莴苣　叶片深裂，叶面皱缩，呈松散叶球或不结球。

3. 结球莴苣　叶全缘，有锯齿或浅裂，叶面平滑或皱缩。外叶开展，心叶形成叶球。叶球圆、扁圆或圆锥形等。主要有 4 个类型：

（1）皱叶结球莴苣　叶球大、质脆、结球坚实，外叶绿色，球叶白或浅黄色。生长期 90 天左右，适于露地栽培。

（2）酪球莴苣　叶球小而松散，叶处宽广，微皱缩，质地柔软，生长期短，适于保护地栽培。

（3）直立结球莴苣　叶球圆锥形，外叶浓绿或淡绿，中肋粗大，球叶细长，淡绿色，表面粗糙。

（4）拉丁莴苣　形成松散叶球（与酪球莴苣相似），叶片细长（与直立结球莴苣相似）。

（二）茎用莴苣

茎用莴苣又称莴笋，叶片有披针形、长卵圆形、长椭圆形等。叶色淡绿、深绿或紫红，叶面平展或有皱褶、全缘或有缺刻。茎部肥大，茎的皮色有浅绿、绿或带紫红色斑块。茎的肉色有浅绿、翠绿及黄绿色。根据叶片的形状分为尖叶和圆叶两个类型，各类型中依茎的色泽又有白笋、青笋之分。

二、优良品种

（一）叶用莴苣

1. 软尾生菜　属皱叶莴苣，为广州市郊农家品种。叶片近圆形，较薄，长 18 厘米、宽 17 厘米，黄绿色，有光泽，叶缘波状，叶面皱缩，心叶合抱。单株重 200～300 克。耐寒不耐热。生长期 60～80 天。

2. 尼加拉　自香港引入的日本品种。抗病性特强，叶色深绿。叶球紧实，圆形，单球重 500 克以上，品质极佳。适宜春、秋或夏季栽培，行株距 40 厘米×30 厘米。每1000平方米产2250～3000千克。

3. 凯撒　由日本引进的极早熟优良品种。耐热性强，在高温下结球良好，抽薹晚。抗病，耐肥。植株生长整齐，株型紧凑。叶球高圆形，浅黄绿色，叶球内中心柱极短，品质脆嫩。单球重约 500 克。适合春、秋季保护地及夏季露地栽培。种植行距 40 厘米、株距 25～30 厘米，每1000平方米种植8250～9000株，每

1000平方米产3000～4450千克。从定植至采收 45～50 天。

4. 皇帝　由美国引进的中早熟品种。该品种耐热抗病，适应性强。植株的外叶较小，青绿色，叶片有皱褶，叶缘齿状缺刻，叶球中等大、很紧实，球的顶部较平，为叶重型品种。单球平均重 500 克。脆嫩爽口，品质优良。适合春、夏、秋季露地栽培；也适于冬季和早春保护地栽培。生育期 85 天，株行距为 30 厘米×30 厘米。1000平方米种植 10 500 株。

5. 大湖 659　由美国引入的中熟品种。生育期 90 天。叶片绿色，多皱褶。叶球大而紧实。单球重 500 克以上，产量高，品质好。耐寒性强，不耐热，适春、秋露地种植。行株距 40 厘米×30 厘米。

6. 大速生　美国生菜。该品种为散叶型生菜，植株紧密，叶片多皱，叶缘波状，叶色嫩绿，品味极佳。生育期 45 天，适应性广，抗叶焦病，耐寒性强，可终年生产，露地、保护地均宜。保护地每1000平方米产高达4000～6000千克。

7. 玻璃生菜　叶簇直立生长，叶片散生，株高 25 厘米左右。叶倒卵形，黄绿色，叶缘有波纹，品质脆嫩，生、熟食均宜。单株重 0.2～0.4 千克，每1000平方米产量1500千克左右。

8. 花叶生菜　叶簇半直立，叶片长椭圆形，上下曲褶呈鸡冠形。单株重 500 克左右，品质较好，有苦味。适应性强，较耐热。生育期 70～80 天，适合春、秋露地栽培及保护地栽培。

（二）茎用莴苣

1. 尖叶莴苣　安徽地方品种。株高 40～45 厘米。叶片披针形，绿色，叶缘有浅缺刻。笋中下部膨大，形似鸭蛋，长 40 厘米左右、横径 8 厘米。单笋重 0.5 千克以上，白绿色，脆嫩。耐寒，不易抽薹。春、秋均可栽培。每1000平方米产量3000千克。

2. 白尖叶　湖南省地方品种。株高 55 厘米，株幅 50 厘米，叶披针形，叶长 39 厘米、叶宽 7 厘米，绿色，平滑。肉质茎棒状，长 35 厘米、横径 4 厘米。皮色淡绿，肉色绿，肉质茎重 380

克。水分多，脆嫩，品质上等。

3. 白皮香　由江苏省农业科学院引入。株高 46 厘米，株幅 47 厘米。叶片倒卵形，黄绿色，叶面微皱。肉质茎倒圆锥形，皮绿色，肉淡绿色，肉质脆嫩，水分多，茎重 150 克左右。中熟，春、秋均可种植。

4. 紫皮香　由江苏省农业科学院引入。株高 62 厘米，株幅 55 厘米。叶披针形，绿色，多皱。肉质茎棒状，长 60 厘米、横径 4 厘米。肉质茎重 230 克。皮绿色，肉色淡绿，肉质脆嫩，水分多，品质佳。

第二节　莴苣栽培季节和栽培方式

莴苣在吉林省一般春、秋两季栽培，也可以冬季在温室栽培。春季栽培 3 月在温床（温室）播种育苗，到 4 月中下旬苗有 4～5 片真叶时定植，6 月收获。覆盖地膜栽培，可以提前收获。

晚春初夏栽培的可在 4 月中旬至 5 月上旬露地直播。间苗2～3 次，5 片叶时按株距定苗。6 月末至 7 月收获。

夏季栽培应在 5 月中旬至 6 月上旬露地播种，6 月中旬至 6 月下旬定植。7 月下旬至 8 月收获。

秋季栽培的 6 月下旬至 7 月上旬播种育苗，播种畦要搭阴棚，遮光挡雨，以利出苗。苗龄 20 天左右定植。9 月中旬至 10 月上旬收获。

散叶莴苣又叫直莴苣，一般不结球或只能结成很松散的叶球。散叶莴苣的栽培比结球莴苣容易，生长期也较短，分期播种，露地和保护地结合，几乎可以全年种植。生产上，具体播种期应该根据当地气候条件、品种特性、市场需求来决定。

下面以结球莴苣为重点，介绍莴苣的栽培技术。

第三节　莴苣露地栽培技术

一、春季早熟栽培技术

（一）培育壮苗

1. 播种时期　春季露地早熟栽培，一般于3月上旬至下旬在温室、温床、拱棚播种育苗。

2. 播种方法　莴苣播种多采用多行条播或撒播法，每1000平方米播种量37～52克，为下种均匀，种子中可拌入适量细土粒。苗床播前灌水，播种后覆盖细土0.3～0.5厘米，低温季节苗床上可盖地膜，以增温保湿。一般15平方米苗床可供1000平方米地用苗。有条件时最好采用育苗钵或营养土方育苗，不用分苗，直接带土移栽。

3. 苗期管理　幼苗开始出土时，覆盖地膜的苗床应及时揭膜，防止幼苗徒长及烤苗。春季育苗因气温低，利用温室、温床、小拱棚育苗时，以保温为主，但也要防止温度过高和湿度过大，要适当放风，苗床温度白天18℃～20℃、夜间12℃～14℃为宜。当幼苗长出2～3片真叶时，将其莴苣幼苗移入5厘米×5厘米的营养土方中、纸筒或塑料钵中。保证幼苗有足够的营养面积和光照条件，促进叶原基分化。莴苣的幼苗期对磷肥敏感，缺磷生长衰退，叶色暗绿，应及时追施磷肥。苗期还应喷1～2次75％百菌清600倍液，或70％甲基托布津1500倍液防治霜霉病和灰霉病。如在喷药同时加双效肥800倍液，既可抑制病毒病的发生，又可满足对微量元素的要求，有利于培育壮苗。当幼苗第4～5片真叶展开时即可定植。

（二）适时定植

莴苣春季早熟栽培，即是将莴苣定植在地膜覆盖畦上，或定植于小拱棚内进行莴苣栽培。

1. 定植前准备

（1）地膜覆盖　提前准备好地膜，并应根据气象条件，掌握时机，在适期内争取早覆盖地膜、早定植。其次是要保证整地质量，在施足有机肥和适量化肥的基础上，做到整地、灌水、起垄作畦连续进行，经过轻镇压后，随即覆盖地膜。另外，要注意作畦质量。地膜覆盖的方式有平畦、高畦。平畦宽 1.15～1.65 米。这种畦便于浇水，初期增温效果好。高畦，有宽、窄两种。依栽培方式而定。宽畦畦面宽 1.15～1.35 米，畦高 10 厘米；窄畦畦面宽 65 厘米左右，高 10 厘米左右。沟宽均为 40 厘米。覆盖地膜要求拉紧铺平，贴紧地表，畦上薄膜四周用土压严实，畦沟不盖膜，留作灌水。

（2）小拱棚　小拱棚主要是用细竹竿、竹片、树条、粗铝丝、细钢丝、轻型扁钢等能弯成弓形的材料做成骨架，在拱架上覆盖薄膜而形成的一种覆盖畦。小拱棚一般呈半圆形，高 0.3～1 米、宽 1.2～2.4 米，长依栽培面积而定，一般长 10～15 米。支架距离 30～60 厘米，上覆一幅或两幅薄膜，外层用同样架材插入畦埂两侧，固定压紧薄膜。在定植前将架材和薄膜准备好。

2. 整地施肥　莴苣为浅根性作物，根系多分布在土壤表层，吸收能力弱，生长速度快密度又大，营养面积小，需水、需肥量大。因此宜种植在保水、保肥力强的微酸性土壤。在定植前，结合整地施入5000千克以上的有机肥和化肥做基肥。然后整地作畦，一般采用低畦或小高畦栽培。

3. 定植方法　莴苣属速生蔬菜，在适宜栽培季节内，从播种至收获为 70～90 天。较适于密植，定植密度也应依栽培种类、品种而定。结球类型中的早熟品种，植株开展度比中晚熟品种小，可适当密植。一般结球类型株行距 25～40 厘米，直立莴苣和皱叶莴苣株行距 20 厘米左右，生长季短时，适当密植。起苗时多带土少伤根，定植深度以埋住土坨为准，过深埋住生长点时缓苗慢，并易发生软腐病。栽后及时浇水，促使迅速缓苗。

（三）田间管理

1. 中耕除草　春季栽培的莴苣在定植后应及时松土，有利于增温、保墒，促进根系发育和幼苗生长。一般在莲座期前进行1～2次中耕，疏松土壤，消灭杂草。但中耕不宜过深，防止损伤根系，并注意不能碰伤叶片，以免引起腐烂，莲座期后不宜再中耕。地膜覆盖栽培的一般不生杂草，可不进行中耕。

2. 肥水管理　结球莴苣一生要追肥 3～4 次，第 1 次在定植缓苗后 3～5 天，浇 0.3%尿素液水，每1000平方米用尿素约 7.5 千克，以后每隔 7～10 天追肥 1 次，根据土壤肥力和植株生长情况追施 2～3 次。如遇干旱时，应多加水降低肥料浓度。由于结球莴苣主要供生食，提倡不浇施人粪尿，以尿素为主，减少污染。

结球莴苣灌溉的原则是土壤见干见湿。没有降雨必须适时灌水，不能使植株受旱而生长瘦弱。在结球期，即心叶开始向内卷抱形成叶球后，灌水要均匀，雨天注意排水，保持莲座叶青绿色；结球后期停止灌水，防止裂球，影响质量和收获运输。

3. 温度管理　用小拱棚进行短期覆盖的，即晚霜末结束，进行提早定植，用小棚进行保温防霜促进缓苗加速生长，促进早熟。但要防止温度过高和湿度过大，要适时放风，白天 18℃～20℃、夜间 12℃～14℃为宜。

二、春季直播栽培技术

（一）适时播种

1. 播种时期　晚春、初夏栽培的可在 4 月中旬至 5 月上旬露地直播。

2. 整地施肥　莴苣为浅根系蔬菜，耐旱力弱。因此，播前应细致整地，施足底肥，一般深翻 15～25 厘米，每1000平方米施腐熟有机肥7500千克，然后做 45 厘米的垄或 1 米宽的畦。

3. 播种方法　采用多行条播，间拔采收。播前整地畦面要平整细碎，播种前要灌透水，待水渗下后划沟播种，沟底要平，覆土 0.5～1 厘米。

（二）田间管理

苗出齐后要间苗 2～3 次，5 片叶时按株距定苗。定苗后田间管理同春季早熟栽培田间管理。6 月末至 7 月收获。

三、秋季延后栽培技术

（一）适时播种

1. 播种时期　秋季栽培于 6 月下旬至 7 月上旬播种育苗，播种畦要搭阴棚，遮阴挡雨，以利出苗。苗龄 20 天左右定植。

2. 整地施肥　夏季和初秋育苗，因天气炎热，雨水又多，应选择地势稍高，午后无烈日照射，通风凉爽处作育苗地，并做成高畦。苗床上方设置遮阴棚，降温防雨。

苗床土壤宜选择保水、保肥性能好的肥沃沙壤土，深翻后充分曝晒，每 10 平方米的苗床施腐熟优质农肥 10～15 千克、磷酸二铵 0.2 千克、硫酸钾 0.2 千克，各种肥料与土壤充分混匀，整平床面，准备播种。

3. 播种方法　莴苣播种前，应精选种子。因为莴苣种子发芽适温 15℃～20℃，若高于 25℃则吸水受阻，发芽不良甚至不发芽。所以，夏、秋播种时需作催芽处理。最简单的方法是：将种子用纱布包裹，浸种 3 小时，取出吊在水井里，温度保持在 15℃～20℃，2～3 天，露出白色芽点即可播种；也可用 5 毫克/千克赤霉素溶液浸种 6～7 小时，或用 100 毫克/千克细胞激动素浸种 3 分钟后播种。

莴苣播种多采用撒播法，每1000平方米播种量 37～52 克，为下种均匀，种子中可拌入适量细土粒，播种后盖 0.3～0.5 厘米薄土。一般 15 平方米苗床可供1000平方米地用苗。

4. 苗期管理　创造阴凉湿润的苗床环境，保证幼苗正常生长。当幼苗长出 2～3 片真叶时，按 5～9 厘米的株行距分苗，保证幼苗有足够的营养面积和光照条件，促进叶原基分化。当幼苗第 4～5 片真叶展开时即可定植。

（二）定植

1. 整地施肥　莴苣根系入土较浅，主要靠须根吸收肥水，宜选择土质疏松、肥沃的沙壤土栽植。每1000平方米施充分腐熟优质厩肥4500千克，耕翻、整平、作畦。雨季便于排水，应作高畦栽培。一般高畦畦面宽 90～150 厘米，畦沟宽 30 厘米，畦高 10 厘米。

2. 适时定植　栽植密度，早熟品种的株行距 25 厘米×20 厘米，中、晚熟品种 35 厘米×24 厘米。夏季栽培宜适当密植，使植株能互相遮蔽，以促进叶球形成，防止烈日照射叶背面引起散球，一般每1000平方米栽苗9000～15 000株。

定植前 1 天傍晚，将苗床灌透水，湿润苗坨，起苗时尽量避免损伤根系和叶片。定植时开沟栽苗，灌定植水，水下渗后封掩，及时管理促进缓苗。

（三）田间管理

定植后不要缺水，注意防虫、防病，及时中耕除草和追肥，一般追肥 3～4 次。雨天注意排水，尽可能保持外叶青绿色，使叶球迅速紧实。9 月中旬～10 月上旬收获。采收过晚易受冻。

第四节　莴苣保护地栽培技术

一、塑料大棚栽培技术

（一）春季早熟栽培技术

1. 温室育苗

（1）播种育苗　莴苣塑料大棚春季早熟栽培时，多采用温室育苗移栽的方式。其苗龄一般 30～35 天，结球莴苣定植后 60～65 天即可收获。具体播种时间，2 月上中旬播种。

（2）整地施肥　育苗地宜选择肥沃的沙壤土，播种前细致整地，每 10 平方米苗床用过筛腐熟农肥 10 千克、磷酸二氢钾 0.5 千克，混匀施入、翻地、耙平、作畦，畦宽 1.2 米。

（3）播种方法　苗床充分浇水，采用撒播，播种后盖一层薄细土（0.3～0.5 厘米），每1000平方米播种量 37～75 克。播种时，可适当掺入细沙土，以便播匀。

（4）苗期管理　苗出齐后，逐步撤除覆盖物，并进行间苗，使幼苗生长健壮。

幼苗生长到 3 片真叶时进行分苗，苗距 5～8 厘米，苗床温度控制在 18℃～20℃、夜间 12℃～14℃为宜。

2. 提早定植

（1）定植前准备　一是早扣棚，最好扣越冬棚，可减少冻土层，春季化冻早，升温快；二是采用秋翻或春翻地，熟化土壤，定植前施足腐熟有机肥料，一般每1000平方米施基肥 7500 千克，并要施入相当数量的腐熟马粪，均匀施入，翻地晒土，整地作畦。

（2）定植时期　塑料薄膜大棚从 3 月初棚温开始回升，3 月上旬最低温度可在 0℃以上，所以大棚莴苣早熟栽培可于 3 月上中旬定植。

（3）定植方法　定植前应在头天晚上将苗床浇透水，起苗时应割大坨多带土。在畦内按（40～45）厘米×（25～35）厘米的行株距开沟定植；散叶莴苣在畦内按 20 厘米×20 厘米的行株距开沟定植。栽苗后浇足水，经 5～6 天即可缓苗。

3. 定植后的管理

（1）定植后缓苗期管理　定植初期外温较低，所以要加强防寒保温，进行多层覆盖，并要提高地温，促进迅速缓苗。

（2）缓苗后管理　定植缓苗后至莲座期之前，可浅中耕 1～2 次，因为结球莴苣根系入土较浅，切忌深耕，进入莲座期后不应再锄地，防止损伤根系。

塑料薄膜大棚栽培应注意肥水管理。一般在缓苗后 7 天左右，可顺水轻施 1 次化肥，每1000平方米追施硝酸铵 7.5～10 千克。早熟品种在定植缓苗后 20 天，中熟品种在 30 天左右，应重追 1 次肥，每1000平方米追施硝酸铵 22.5～30 千克。以后根据地力和植株长相，如缺肥可酌情轻追 1 次肥。每次追肥后应及时灌水，但灌水量不宜太多，维持土壤见湿见干为适宜度。

温度管理，可根据莴苣不同生育期对温度要求进行控制。幼苗生长的适宜温度 16℃～20℃、外叶生长的适温 18℃～23℃，结球期的适温 17℃～18℃。

（二）秋延后栽培技术

1. 育苗　塑料薄膜大棚秋延后栽培，一般均采用育苗移栽，7 月上旬至 8 月中旬播种育苗，播种畦要搭阴棚，遮阴挡雨，以利出苗。苗床施足腐熟的有机肥，整平耙细，有条件时，亦可用沸腾炉灰渣、蛭石、珍珠岩等基质作无土育苗。

播种前应浸种催芽。浸种后在 15℃～20℃ 的条件下催芽播种。夏季播种时，天气炎热种子难以发芽，可用生长刺激素处理种子。如用细胞激动素 100 毫克/千克溶液浸种 3 分钟，或用赤霉素1000毫克/千克溶液浸种 2～4 小时再行播种，则出芽容易。苗床播前灌水，撒播后覆细土 0.5～1 厘米。

2. 苗期管理　当幼苗长到 3 片真叶时，可按株行距 6～8 厘米分苗。苗床温度白天控制在 18℃～20℃，夜晚 12℃～14℃为宜。苗龄一般为 25～35 天。

3. 定植　当幼苗 5～6 片真叶时定植。莴苣的根系不深，除了选保水、保肥力强的土壤外，还应增施大量腐熟的有机肥，每1000平方米施肥量4500千克。深翻后整平做成平畦，畦宽 1 米。

定植时的株行距为（30～40）厘米×（30～40）厘米，早熟品种植株偏小，以 30 厘米×30 厘米左右为宜；中晚熟品种植株较大，行株距以（30～40）厘米×（35～40）厘米为宜。

定植时秧苗尽量带土坨定植。定植深度以土坨表面与地平面相齐为宜。栽后及时浇水，促使迅速缓苗。

4. 田间管理　秋季栽培可适当浇水，并配合中拼保墒。白天保持 18℃～20℃、夜间 13℃～15℃，温度过高会造成植株徒长，影响结球，要进行遮阴。

生长期间，可结合浇水分期追施速效化肥，使土壤见干见湿，促进根系扩展及莲座叶生长。中、后期为使莲座叶保持不衰和球叶迅速抱合生长，形成紧实叶球，需均匀不断供水。注意不要忽干忽湿，以免叶球开裂。采收前停止浇水，以利采后贮运。结球期注意追施钾肥。

二、莴苣的日光温室栽培技术

（一）育苗

1. 播种时期　莴苣在日光温室栽培，多采用育苗移栽的方法。其苗龄一般 30～35 天，定植后 60～65 天即可收获。具体播种时间，可根据定植期，采收和分期上市的需要，灵活安排播种期。

2. 整地施肥　育苗地宜选择肥沃的沙壤土，播种前细致整地，每 10 平方米苗床用过筛腐熟农肥 10 千克、磷酸二氢钾 0.5 千克，混匀施入，作畦，畦宽 1 米。

3. 播种方法　莴苣可用干种子播种，也可浸种催芽处理后再播种。用干种子播种时，播种前用相当于种子量 0.3%的 75%百菌清可湿性粉剂拌种，防治苗期病害，但拌种后要立即播种，不能隔夜。进行浸种催芽处理时，可先将种子用 20℃左右的清水浸泡 3～4 小时，适当搓洗，控干水分后装入纱布袋中，放置在 20℃条件下催芽。如果外界气温过高可放置在阴凉处。催芽期间，每天清水冲洗 1 次，控干水分继续催芽，经 2～3 天即可芽齐，准备播种。播种前先将畦面浇透水，水渗下后，将种子与适量细沙拌和，均匀撒播于床面，覆盖细土 0.3～0.5 厘米，每 15 平方米苗床用种 35～50 克，可供1000平方米菜田用苗。

4. 苗期管理　播种后苗床温度应保持 20℃～25℃，畦面湿构，经 3～5 天可出齐苗。出苗后，白天温度保持在 18℃～20℃、夜间 8℃～10℃，幼苗达 2 叶 1 心时及时间苗，苗距 3～5 厘米。间苗后用磷酸二氢钾 500 倍液喷施 1 次。苗期用 75%百菌清可湿性粉剂 600 倍液，或 70%甲基托布津可湿性粉剂 600～800 倍液喷雾防病。当日历苗龄达 30 天左右，生理苗龄达 4 叶 1 心时即可定植。

（二）适时定植

1. 整地施肥　定植前，每1000平方米施优质农家肥4500～7500千克，氮、磷、钾复合肥 45～60 千克，深翻 25 厘米，整平作畦，畦宽 1 米左右，准备定植。

2. 定植方法　定植前应在头天晚上将苗床浇透水，起苗时应割大坨多带土。在畦内结球莴苣按（40～45）厘米×（25～35）厘米株行距，散叶莴苣按 20 厘米×20 厘米株行距开沟定植。栽苗后浇足水，经 5～6 天即可缓苗。

（三）定植后管理

定植缓苗后至莲座期之前，可浅中耕 1～2 次，因莴苣根系入土较浅，切忌深中耕，进入莲座期后不应再锄地，防止损伤根系。

日光温室内应注意肥水管理。一般在缓苗后 7 天左右，可喷水轻施 1 次化肥，每1000平方米施硝酸铵 7.5～15 千克。早熟品种在定植缓苗后 20 天，中熟品种在定植缓苗后 30 天左右，应重追 1 次肥，每1000平方米追施硝酸铵 22.5～30 千克。以后根据地力和植株长相判断如缺肥可酌情轻追 1 次肥。每次追肥后应及时灌水，但灌水量不宜太多，维持土壤见湿见干为适宜。

温度管理，可根据莴苣不同生育期对温度的要求进行控制，以达到高产优质。

第五节　莴苣病虫害防治

一、生理障碍

（一）顶腐症

1. 症状　莴苣的顶腐症是一种生理障碍，发生在生长发育的后期。发生早的从结球初期开始，外叶叶缘或球叶叶缘呈茶褐色、枯萎。而且结球受阻的同时，叶缘因下雨及下露而含水时，受细菌的二次浸染，从叶缘开始腐败。轻者叶缘干燥变黑褐色，发沙啦的声音。重者剥开几枚叶片后，里边球叶的叶缘仍为茶褐色，该部分呈滑溜溜的状态。

2. 发生条件　一般露地栽培、高冷地等的夏季栽培，经常因高温干燥条件引起顶腐症的发生。即使在平坦地块，生育不良的莴苣等在初夏收获期遇梅雨似的高温多湿条件，氮的吸收又快又多，也出现顶腐病。

另外，早春进行收获的拱棚栽培，不进行地膜等覆盖，在干燥与冬季低温时，植株生育停止。开春后开始快速发育。这时，受高温干燥条件的影响，具有老化倾向的叶球，特别于即将收获之际，容易发生顶腐症。

莴苣大棚栽培有时受干燥及多肥影响，也出现顶腐症。

3. 预防措施　直接原因为钙吸收不良，即在钙吸收困难的条件下产生生理障碍，没有其他原因。保护地内的栽培管理注意防止高温干燥条件出现。避免过量施肥，关键的预防措施是必须改良土壤结构，促进植物对土壤中钙的吸收，施入石灰，防止土壤酸化；其次应该施入大量堆肥，增强土壤的保水力，保持土壤疏松，促进根系扩展及植株正常生育。

（二）心腐症

1. 症状　因为心腐症是由缺钙引起的，因此，缺钙症状出现在生长点附近生长旺盛的幼叶上。像莴苣这样喜钙的蔬菜，在钙含量低的地块栽培，或因某种原因造成钙吸收困难时，均会出现心腐症状。最初，生长点附近幼叶的先端水浸状，以后逐渐变褐，组织坏死。轻者患处黑变、干枯，残留着病组织的叶片继续生长，新发出的叶片生长正常。

2. 发生条件　从栽培类型来看，栽培期间处于温度低的促成栽培类型不易发生心腐症；经常高温干燥的夏季栽培类型，心腐症发生重。某种原因引起根损伤，钙吸收受抑制时也出现心腐症。

土壤中盐分浓度高时，钙吸收受阻。拱棚及温室等覆盖下栽培时，在易干燥、肥料流失少的基础上，容易形成多肥状态，应该注意管理。

夏季高温期利用营养液进行栽培时，也易发生心腐症。特别是沙拉用莴苣，如果发生心腐，则失去商品价值，所以应该调整 pH 值，防止水温上升。

3. 预防措施　增施有机肥，土壤的缓冲能力提高，土壤不发生剧烈的物理化学变化，也不易遭受干害与湿害的危害，根的吸收力增强。氮与钾过多，引起钙缺乏，生产中防止多肥。干燥时进行灌水，注意保湿。

甘蓝、白菜、洋葱的钙吸收能力很强，不适宜作莴苣的前茬，应选择其他作物与莴苣进行轮作。作为心腐症的应急防治，可叶面喷施 0.3%～0.5%氯化钙。喷药时重点喷洒生长点附近的心叶。间隔 7～10 天喷 1 次，共喷 3 次，喷药过于频繁会产生药害。

（三）异常结球

1. 症状　异常结球，形状各异，各地都是根据各自的肉眼观察，直观地描述异常球的形状。如双胞叶球、竹笋状叶球、气球状叶球、玉米状叶球、礼服状叶球等，每种叫法均是根据相应的症状而定。

2. 发生条件　在拱棚及温室这样人为控制环境条件的保护地中，如果温度管理不当，则冬天中午也处于高温环境下，这时夜间温度又低，因此昼夜温差变化剧烈。

拱棚栽培时，最好使用有孔膜那样能充分通风换气的覆盖材料；使用普通塑料薄膜栽培时，如果每天不充分通风换气，则抗低温而不耐高温的莴苣发生生育障碍，球叶与外叶均发育不良，出现异常结球。

温室莴苣栽培时，如果也像果菜类那样实行高温管理，中午通风透气不良，则出现结球形态不良的变形球及紧实度差的松散球。

3. 预防措施　异常结球的发生，除种子的遗传因素外，多为栽培环境或栽培管理不当引起的，因此应加强管理。

在培肥管理方面，苗床及栽培田施用足量的石灰（喷布）和堆肥，防止土壤酸化，扩大根系分布面积，培育壮苗。

定植后，特别是覆盖栽培时，注意温度管理，防止拱棚及温室密闭引起中午高温。及时除草，避免杂草竞争引起的物理性障碍，减少异常结球现象的出现。

二、主要病害

（一）病毒病

可通过种子传病，抗病品种不易带毒，是莴苣最严重的病害之一，在栽培莴苣历史较长较普遍的地区尤为严重。

1. 症状　本病苗期即可发生。播种带病毒的种子，出苗后两周表现症状。在第 1 片真叶上，出现淡绿色或黄白色的不规则斑点，叶缘不整齐或发生缺刻。在第 2～3 片真叶上，初生明脉症状，随后发生黄绿相间的花叶或斑驳，并隐约可见褐色坏死斑点。成株被浸染，嫩叶初呈明脉症状，后发展为花叶或呈浓淡绿色斑驳，并出现褐色坏死斑和细脉变褐，叶片皱缩，有的叶缘外卷成筒状，有不同程度的矮化现象。植株发病越早，症状越重。

2. 发病条件　病毒主要在田间的寄主植物根部和越冬莴苣病株上越冬。种子也能带毒，播种带毒的种子，幼苗即成病苗，定植后即形成发病中心。在生育期间，主要通过蚜虫和汁液接触传染。花叶病的发生与气温密切相关，平均气温在 18℃时，病害发展迅速，温度下降则症状减轻。

3. 防治方法　选用抗病品种或选种无病毒种子；实行轮作；加强田间管理，清除田内外杂草，发现病株及时拔掉处理；彻底防治蚜虫，减少传染媒介。

（二）软腐病

1. 症状　是一种细菌性病害。常在结球期发生、在叶柄基部或短缩茎发生水渍状软腐、叶萎蔫，严重时基部腐烂，瘫倒。

2. 发病条件　病菌主要通过灌溉、雨水、肥料和昆虫传播，从伤口、裂口侵入。结球期多雨、积水，久旱灌大水造成裂口等易引起软腐病的发生。

3. 防治方法

（1）实行轮作　轮作，施腐熟肥料。

（2）采用高畦栽培　防止过干和大水漫灌及积水，及时清除病株（特别在灌水前）。

（3）药剂防治　用70%敌克松可湿性粉剂800倍液灌根，或50%代森锌可湿性粉剂1000倍液，或200毫克/千克链霉素加20%多菌灵可湿性粉剂600倍液，或新植霉素4000倍液于发病前或发病初期喷洒，每隔5～7天喷1次，连喷2～3次。

（4）及时治虫　从苗期开始检查，发现地蛆、跳甲、菜青虫、小菜蛾等害虫，应及时防治，减少虫咬伤口即可减少细菌侵入机会，防止虫传病害。

（三）霜霉病

1. 症状　由真菌莴苣盘梗霉浸染致病。病菌主要为害叶片，发病初期在下部老叶上发生淡黄色、周缘不明显、近圆形的病斑，扩大后受叶脉限制呈多角形。在潮湿环境下，叶背病部产生白色霜状霉。后期病斑变为黄褐色，叶片上的病斑相互联结成块，使叶片枯死。

2. 发病条件　病菌主要以菌丝体潜伏在田间病株组织内越冬。借气流或雨水传播，从寄主叶片气孔侵入。在14℃～19℃温度范围内发病，其中以15℃左右和较高的湿度对病菌孢子萌发有利。园田栽植密度大，通风透光不良，氮肥施用过多和地面潮湿，均易诱发霜霉病。

3. 防治方法

（1）选用抗病品种，是最经济有效的措施。

（2）加强田间管理，合理密植，防止大水漫灌，避免田间积水，降低地面湿度，收获后清除园田的病株残体，减少越冬病菌。

（3）苗期喷 1～2 次 75%甲基托布津1500倍液，防止病害发生。田间发病初期及时用 75%百菌清 600 倍液或 25%瑞毒霉可湿性粉剂1000倍液，或 50%克菌丹 500 倍液喷雾，注意喷在叶片背面，隔 7～10 天喷 1 次，连喷 2 次。

（四）灰霉病

1. 症状　由真菌引起的病害。苗期发病其叶和幼茎呈水浸状腐烂。成株发病多从近地面叶片开始，受害部最初呈水浸状不规则形病斑，扩大后呈褐色，病叶基部有红褐色病痕；茎基部与叶柄基部被害状与叶相似，在茎部环绕 1 周后，茎叶凋萎，整株死亡。病叶自下同上发展，并可延至内部，引起腐烂。留种株的花器、花柄也可受害，呈水浸状腐烂。潮湿环境下，腐烂部位密生灰霉状物。

2. 发病条件　病菌主要以菌核随同病残株留在土中越冬，翌春环境适宜时，萌发产生菌丝体，相继产生分生孢子。分生孢子借气流传播，在适温和多湿条件下孢子萌发，从寄主伤口、衰弱和坏死组织处侵入，并迅速扩展蔓延，在病部产生分生孢子，经气流进行再浸染。病菌发育的最适温度为 20℃～25℃，分生孢子在 13.7℃～29.5℃均可萌发，并耐干旱，在自然状况下、经 138 天仍具有生活力。

3. 防治方法

（1）收获后清理园田病残体集中处理，消灭越冬菌源。

（2）加强田间管理，合理施肥，使植株生长良好，提高抗病力；保持园田地面干燥，栽植密度适当，使株、行间通风透光良好。

（3）发病初期及时喷药，可选用70％甲基托布津可湿性粉剂1500～2000倍液，或50％福美双可湿性粉剂500～800倍液，或50％速克灵可湿性粉剂3000倍液。7～10天喷1次，连喷2～3次，可控制病情。

三、主要害虫

菜蚜虫类一般俗称蜜虫、腻虫和油虫。菜蚜防治参照“菜心”章节有关部分。

第六节　收　获

一、对莴苣产品的质量要求

球叶脆嫩，外叶无任何污点，叶片主脉没有被压破的横裂，紧实度适中。过熟的叶球太坚硬，容易爆裂和腐烂；未成熟的叶球过分松散，运输中易被挤压破裂造成腐烂。坚实度适中的叶球，用手掌自球顶轻轻压下，叶球稍能松动，而松散叶球则易被压下，并会感到叶的膨松，叶球内部应没有任何变色，没有伸长的花茎。

二、收获

莴苣叶片多汁，含水量高，脆嫩，不耐贮藏和运输。因此不宜在雨天收获。收获后避太阳晒，在上午露水干后立即收获，收后减少互相挤压，及时上市。散叶莴苣采收标准不严格，可以根据市场需要随时采收。采收植株长成时可分次剥取外层嫩叶，延长供应期，也可一次采收。结球莴苣叶球成熟时，要及时采收，特别是春茬，后期温度较高，结球莴苣花薹伸长迅速，采收稍迟，球内萌生花茎，甚至将叶球顶裂，降低品质，影响贮藏和运输。

在采收前10天内的叶球生长量占36％～60％，因而采收期的确定，对叶球产量影响很大。结球莴苣叶球成熟期不很一致，应分期采收。在露地一般定植后40～80天开始收获，在冬季保护地中则需 90～140 天。不同品种和不同栽培环境下的成熟整齐度和成熟期不同。一般叶球紧实、外叶变黄时采收，产量高、质量好。收获时自地面割下，剥除外部老叶，一般留 3～4 片叶保护叶球，如果长期贮藏或长距离运输的可多留几片外叶。

第九章 蕹 菜

蕹菜又名空心菜、藤藤菜、通菜、竹叶菜。蕹菜原产我国热带多雨地区，耐湿喜高温，抗性强，病虫害少，一次种植可多次采收，采收期长，产量高，适应性强，容易栽培，是华南、华中夏、秋季的重要绿叶蔬菜之一。在吉林省适于炎热季节栽培，在保护地内栽培生长期延长、品质及产量较高。

蕹菜以嫩茎叶供食，品质柔软，富含人体所需的多种维生素、矿物质、氨基酸等。蕹菜有很好的医疗价值，食用方法也多种多样，是深受人们欢迎的优良绿叶菜。

第一节 蕹菜的类型和品种

一、主要类型

蕹菜按其结子与否，分为子蕹、藤蕹两种类型。子蕹用种子繁殖，耐旱力较强，一般种植干旱地，也可以水生；藤蕹用茎蔓繁殖，一般很少开花结籽，品质比子蕹好，可以旱地栽培，但多水培。

子蕹按花颜色又可分为白花子蕹和紫花子蕹两种，吉林省引入的主要是白花子蕹，试栽效果较好，但不能在吉林省采种。

（一）白花子蕹

白花，茎秆绿白色，叶长卵形，基部叶心脏形。白花子蕹适应性强，质地脆嫩，产量高，全国栽培较多。

（二）紫花子蕹

紫花，茎蔓、叶背面、叶脉、叶柄、花萼等部分带紫色。栽培地区较少。

二、品种选择

白花子蕹中有青梗和白梗两类品种，青梗品种味浓、耐旱，如广州的大骨青等；白梗品种味淡，但比较柔嫩，如大鸡白等。

根据当地的消费习惯和栽培条件选择适宜的品种。

第二节　蕹菜栽培季节和栽培方式

蕹菜是旋花科 1 年生或多年生蔬菜，在吉林省 1 年只能种 1 茬，而且生长期较短。

在露地 6～9 月栽培，在保护地可以提前到 5 月、延后到 10 月，但盛收期只能在炎热季节。

吉林省适宜蕹菜生长的高温高湿季节较短，因此一般应尽早在保护地播种育苗，在露地栽培或保护地栽培，以充分利用高温季节，增加采收次数，提高产量。

第三节　蕹菜露地栽培技术

一、培育壮苗

（一）适时播种

1. 浸种催芽　可以干子直播，但浸种催芽播种出苗齐，出苗快。

先用 50℃左右的温水浸种 2～3 个小时，捞出洗净。再用清水浸泡 1 昼夜，然后捞出用湿毛巾等透气性材料包好，放在 30℃左右的地方（恒温箱）中催芽。催芽期间每天清洗翻动两次，3～4 天出齐苗后即可播种。也可以用温水浸 2～3 小时后直接湿子播种。

2. 播种方法　4 月末至 5 月初在大棚或温室的地床播种，每1000平方米栽培田播种量为 25 千克左右。如果 6 月初露地直播，用种量为 20 千克左右。

先将栽培床内每1000平方米撒施4000千克优质有机肥，深翻 25 厘米，做成 1.2 米宽的低畦，整细土壤，搂平畦面。均匀撒播，覆土 1 厘米，浇透水，上面盖上地膜或报纸保湿。出苗后掀开保湿物，尤其盖地膜的更要注意观察，一旦顶土，立刻撤除，以免烤苗。

（二）苗期管理

出苗前经常浇水，以免芽干。尤其干子直播的，由于蕹菜种皮厚、坚硬，出苗时间较长，需 10～15 天，更要坚持及时浇水保湿。

出苗前较高温度管理，能加快出苗，白天保持 25℃～30℃、夜间 20℃。出苗后适当降温。当外温升高，内部温度高于 35℃时，要及时通风降温。到定植前 1 周通大风炼苗。

幼苗期喷施叶面肥 2 次，用 0.2％尿素溶液或磷酸二氢钾溶液。肥料一定称量准确，避免烧苗。如果浓度超过 0.3％以上，喷洒后一定用清水喷洗叶面。

蕹菜耐湿，要保持较高的土壤湿度。

二、合理密植

蕹菜喜欢充足的光照，但也耐密植。当苗高 10 厘米左右时即行定植。提前 1 周整地施肥。1.2 米宽的畦栽 5 行，隔簇栽2～3 株。开沟栽植，浇透水。

春天育苗后的空温床用来栽植蕹菜，既能充分利用土地，又容易保水，利于蕹菜的生长。

露地直播栽培的，定苗时留拐子苗为宜。间拔下的苗可以定植于其他栽培畦。

三、田间管理

（一）肥水管理

蕹菜喜水喜肥，栽培过程中应加强肥水管理。干旱缺肥不但降低产量，也影响蔓叶的品质，使蔓叶纤维增多，以至不堪食用。

定植缓苗后开始追肥，以后每次摘收后立刻追肥 1 次。一般每1000平方米向根际撒施尿素 10 千克，撒肥后立刻浇水并清洗叶面。

要经常浇水，如果遇长期阴雨天气，适当减少浇水次数和浇水量。

（二）中耕除草

蕹菜定植后正值高温多雨季节，杂草生长较茂盛。封垄前应经常用细齿耙中耕，同时除草。待封垄后不能再中耕时，有杂草可用手拔除。

（三）其他管理

蕹菜病虫害很少，偶然会发生菜青虫、蚜虫、螨类等，发现后要立刻进行防治。

进入 9 月，天气逐渐转冷，生长速度明显下降，遇有轻霜就会枯死。为增加产量，延长采收期，扣塑料薄膜小拱棚能采收到 10 月初。

四、勤采勤收

对多次收获的蕹菜来说，适时、适当的采收是优质高产的关键。当株高 20～25 厘米，第 1 次采收，在基部第 2～3 节割收或剪收，以后只留 1～2 叶即可。留叶过多，侧蔓发生过多，生长过于细弱。

初霜来临前一次性收获完毕。如果能扣小拱棚保温，虽然生长仍很缓慢，但可以分期采收至 10 月初，能延长供应期。吉林省大多可以收获 6～8 次。

第四节　蕹菜大棚栽培技术

一、提早播种

（一）整地施肥

蕹菜是一种喜肥高产蔬菜，应选择肥沃地块，施足基肥。翻耕前每1000平方米施有机肥4000～5000千克。即翻土15～20厘米深，打碎大土块，做成1.2米或1.0米宽的低畦。

（二）定植或播种

4月末或5月初在大棚中直接播种，也可以3月中下旬在温室内播种育苗，然后移栽（育苗参照本章第三节）。

浸种催芽后在大棚栽培畔种播种，或干子直播。大棚内温、湿度较高，直播种子发芽也很快。1.2米宽的畦开5行，深5～8厘米的浅沟，然后用8厘米左右长的小木板块刮平沟底，增宽播幅。每沟点播两行，拐着播，每隔15厘米点播5粒种子。每平方米播种量20克左右。播后覆土约1厘米，用喷头浇透水，有条件可以立刻扣小拱棚增温保湿，以促进出苗。

二、播种后的管理

（一）追肥灌水

播种后出苗前一定不能让土壤干燥，经常喷水保湿。出苗后约每2天浇1次水。应早、晚浇水，忌中午高温时浇水，否则会发生急性萎蔫，影响植株正常生长。

苗高5厘米左右时，间苗定苗，每簇留2～3株，定苗后开始追肥，以后每次收获后追肥1次，每1000平方米追施22千克硝酸铵，然后立刻灌水、喷洗叶片。

（二）中耕除草

用铁丝小耙子浅耕2～3次，除去杂草，大棚内杂草比露地更茂盛，应避免苗期发生草荒。

（三）更新复壮

大棚高温高湿的条件下，蕹菜生长速度决、生长量大，也容易徒长。并且有时（在炎热季节的高产期）因市场需求量减少等，造成收获过迟，容易出现跑蔓现象，即蔓徒长弱细、节间较长。这时可以将细弱茎蔓彻底剪除，留粗壮茎蔓1～2个，距基部2～3片叶剪去，待发侧蔓。适当培土，重施追肥，灌透水，以便更新复壮。

三、及时采收

大棚蕹菜生长快，采收初期及后期每10～15天收获1次，盛收期每周采收1次。主蔓长到20厘米以上开始采收，基部留2～3片叶采摘，以后留1～2片叶采收。上冻前的最后一次从基部采收。蕹菜的产品柔嫩，比较容易失水，采收后尽最少倒手，注意保湿，及时上市。

大棚蕹菜产量较高，每1000平方米可达5000千克以上。

第五节　蕹菜病虫害防治

蕹菜抗病性较强，病害较少，偶有白锈病发生；虫害有蚜虫、红叶螨、小菜蛾等。

一、白锈病

1. 症状　主要为害茎与叶片，发病时叶片上起白泡，茎上生疙瘩，严重影响产品质量。

2. 发病条件　高温高湿是发病的适宜环境条件。

3. 防治方法　选择无病种子或用种子重量0.3%的甲霜灵拌种。

发病后及时喷药，用58%甲霜灵可湿性粉剂500倍液，或64%杀毒矾可湿性粉剂500倍液，进行叶面喷雾，几种药交替使用，7～10天喷1次，连喷2～3次。

二、其他虫害

蚜虫参照“菜心”、小菜蛾参照“芥蓝”、红叶螨参照“节瓜”的害虫防治方法。

第十章 落 葵

落葵又名木耳菜、猫耳菜、藤菜、紫豆菜、豆腐菜等，以幼苗、嫩叶、嫩梢供食，质地柔滑，鲜美多汁，营养丰富，蛋白质、矿物质、维生素的含量之多是大部分蔬菜无法比拟的。

落葵全株各部分都可药用，具有清热解毒、利尿化瘀之功效。落葵的食用方法很多，既可炒肉、做汤，又可凉拌、油炸（蘸蛋糊）。

落葵适应性强，病虫害较少，在吉林省露地、保护地均可栽培，是人们喜闻乐见的一种速生绿叶菜，也是庭园绿化的理想植物之一。

第一节 落葵的类型和品种

一、主要类型

（一）白花落葵

也称细叶落葵。茎淡绿色。叶片小，叶长 2.5～3.0 厘米、宽 1.5～2.0 厘米。叶绿色，卵圆至长披针形，边缘波状。穗状花序，花柄长，花疏生。以采收嫩梢为主。

（二）红花落葵

茎淡紫色至粉红色或绿色。叶片大，叶片长度与宽度近乎相等，但侧枝基部的几片叶较窄长，叶基部心脏形。穗状花序。

红花落葵又可细分成广叶落葵、赤色落葵和青梗落葵。

二、优良品种

落葵品种较少，吉林省引种试栽效果较好的为赤色落葵类型和青梗落葵类型的品种，称为红梗落葵、青梗落葵或紫木耳菜、绿木耳菜。

1. 紫木耳菜　蔓长 3 米以上，茎蔓圆形，紫红色，分枝性强。叶片长 16.5 厘米、宽 12 厘米，叶色深绿带紫红色。花紫红色。品质上等，耐热耐湿，露地播种后 30～40 天即可开始采收。

2. 绿木耳菜　蔓长 3 米多，茎蔓圆形，绿色。叶片互生，叶长 15.5 厘米、宽 11.5 厘米，叶片绿色或深绿色。花粉红色。品质好，耐热耐湿。

第二节　落葵栽培季节和栽培方式

落葵在吉林省露地必须无霜期内栽培，自 5 月中下旬至 8 月初都可以在露地分期直播。播种后 40 天开始间拔幼苗食用，以后陆续摘收嫩叶和嫩梢，直到初霜期。但以春播为主。

由于落葵喜温耐湿，在保护地生产的产品质量和产量均优于露地栽培。日光温室栽培可提前到 3 月上中旬延后至 11 月中旬，大棚是 4 月下旬至 9 月下旬。

一般春季第 1 茬为提早定植，提前上市，基本上都提前 30～35 天育苗移栽。以后可分期直播。

按食用部位不同，落葵的栽培方式分为采摘嫩梢的不搭架栽培和采摘嫩叶的搭架栽培。

第三节　落葵露地栽培技术

一、整地施肥

每1000平方米施充分腐熟的有机肥3000～5000千克、磷酸二铵 30 千克左右，深翻 20～30 厘米，土壤整细耙平，做成 1.2 米宽的低畦。

二、播种育苗

（一）育苗

1. 种子处理　选粒大饱满的种子，用温水浸种 20～24 小时，捞出洗净置于 30℃左右的温暖条件下催芽，每天投洗 2 次，2～3 天当大部分种子“露白”发芽后开始播种。

未经处理的种子也可以干子直播，但出苗迟缓，需要十多天。带芽的种子播后 3～5 天即可出苗。

2. 适时播种　一般于 4 月中下旬在温室或温床中播种。用过筛后的腐熟马粪 5 份、田土 4 份、大粪面 1 份混匀，铺入苗床8～10 厘米厚。

育苗移栽多采用撒播方式，撒匀种子，覆土 1.5～2.0 厘米，用喷壶浇透水。1000平方米栽培面积不搭架时使用 10～12 千克种子、搭架时用 8～10 千克种子。种子间距 2～3 厘米为宜。

3. 苗期管理　落葵苗期管理简单。若苗床育苗，一般出苗前不浇水，扣上小拱棚，草苫严格保温，不超过 35℃不通风。待出苗后不干不浇水，到定植前需浇水两次左右。1 叶 1 心时间苗，幼苗间距保持 5 厘米左右。及时除草，避免草荒。清明后逐渐加大通风量，先通两端、再通两边。待定植前 1～2 周，晴暖无大风天，揭开所有覆盖进行晒苗锻炼。

温室内育苗，浇水次数稍多些，保温物应早揭晚盖，增加光照。

（二）露地直播

直播一般不作种子处理，直接用干子条播或穴播，往往不搭架栽培用条播，搭架栽培用穴播。

1. 条播　1.2 米宽的低畦开 4 条浅沟，播 10 厘米，播种密度大些可间拔上市或移栽，种子间距离 2～3 厘米。覆土 2 扁指左右，稍作镇压。如果炎热季节播种，播种后要盖稻草等保湿。

2. 穴播　穴距 20 厘米，每埯 4～5 粒种子，每畦双行。

三、适时定植、定苗

（一）定植

1. 搭架栽培的定植方法　育苗移栽的多进行搭架栽培，可一直收获至秋天。1.2 米宽的畦栽双行，埯距 25 厘米左右，每埯栽 2 株苗。覆平畦，浇透水。

2. 不搭架栽培的定植方法　1.2 米宽的畦开 4 条沟，按25～30 厘米的间距摆苗，浇透沟水，水沉后再覆土。

起苗时尽量多带土、少伤根，选拔优质壮苗进行定植。

（二）定苗

4 片叶时定苗，间拔下的苗可移栽用或上市销售。不搭架栽培的，每隔 25 厘米留 1 株苗，或隔 30 厘米留双株。搭架栽培的，隔 25 厘米留双株。

四、田间管理

（一）中耕培土

1. 不搭架栽培　不搭架栽培的密度较大，行距较小，用小铁丝耙子在定植或定苗缓苗后第 1 次采收前松土除草两次。定苗后及第 1 次采收嫩梢后，在行间进行少量培土。封垄后田间大草用手拔除。

2. 搭架栽培　搭架栽培的，封垄前中耕除草两次。在两行间畦埂内侧开沟并向植株基部培土，在畦内形成两条“小垄”。

（二）追肥灌水

落葵喜湿，整个栽培期应保持土壤湿润，但雨季要注意排水。

定植或定苗缓苗后，1000平方米随水追施硫酸铵 20 千克，或充分腐熟的 30％人粪尿 1200～1500千克，以后每采收 1～2 次追肥 1 次。

（三）整枝搭架

搭架栽培的，苗高 30 厘米以上时，用竹竿或秫秸搭“人”字形架，架要插实绑牢，引蔓左旋上架，选留主蔓和 1 条健壮侧蔓。秧蔓爬满架后摘心，从主蔓基部再选 1～2 个侧枝代替原来的主侧蔓生长。待原主侧蔓上的叶片采摘差不多时，在贴近新留侧蔓的上部剪掉。及时摘去其他侧枝、花穗等，集中营养供给主要茎蔓和叶片生长，这样有利形成肥嫩的叶片，提高产量和质量。

不搭架栽培的，在苗高约 30 厘米时，在基部留 3～4 片割头梢（主枝），选留 2～3 个健壮侧芽形成新梢。新梢长到 25～30 厘米割收，再留 3～4 个强壮侧芽长成新梢。生长盛期可留 4～6 个新梢。采收后期生长势逐渐减弱，彻底整枝修剪，只留 2 个强壮侧芽成新梢。

五、及时采收

搭架栽培的，摘叶上市，前期半个月收 1 次，盛期每周 1 次。清早摘下长够大的肥嫩叶片，成摞装入塑料袋上市。

不搭架栽培的，用刀割收或用剪刀剪收嫩梢捆把上市，新梢 20～25 厘米及时采收。一般每1000平方米产量2000千克左右。

第四节　落葵保护地栽培技术

落葵的早春栽培可育苗或直播，以后各茬次均直播。这里主要介绍春、秋两季栽培技术。

一、春季早熟栽培技术

（一）培育壮苗

一般棚春早熟栽培在温室内育苗。而日光温室春早熟栽培的育苗期为 2 月上中旬至 3 月上中旬，需要烧煤加温量较大，成本较高，可根据投入产出情况决定是否育苗。

1. 播种　在温床地床或电热温床中铺上营养土。浸种催芽后撒播，覆土后浇透水。也可以播入播种盘中，待 2 叶 1 心时再分苗，分苗面积为 6 厘米×6 厘米。有条件的也可以直接播于营养钵中，每钵 3～4 粒。

2. 苗期管理　出苗前白天保持 30℃左右、夜间 18℃～20℃，并保持土壤湿润，促进出苗。出苗后适当降温控水，防止徒长，白天降至 25℃左右、夜间 15℃～18℃。定植前 1 周逐渐降温控水进行蹲苗。

草苫尽量早揭晚盖。及时拔除杂草，能倒苗可倒苗 1～2 次。苗期叶面喷施 0.2%磷酸二氢钾壮苗。

（二）适时定植

1. 整地施肥　每1000平方米撒施充分腐熟的有机肥5000千克左右、硝酸铵 25 千克、过磷酸钙 30 千克、氯化钾 15 千克，翻入土地 25～30 厘米，整地耙平后做成 1.2 米宽的低畦。

2. 合理密植　落葵在大棚中生长旺盛，1.2 米宽的畦搭架栽培时，定植双行，穴距 30 厘米，每穴 2 株苗。温室早春栽培，可适当密些。浇透水，用干土封好埯。不搭架栽培时，栽 4 行、株距 30 厘米。

（三）定植后的管理

1. 通风换气管理　定植后立刻密闭温室或大棚，严格保温促进缓苗，不超 38℃不通风。缓苗后，温室栽培仍要加强保温，但草苫、纸被等保温物尽量早揭晚盖，增加室内光照。进入 4 月，外温逐渐升高加大通风量。4 月中下旬逐渐撤除纸被、草苫。当外界最低温 15℃时，可昼夜通风。

大棚栽培缓苗后进入 5 月，外温越来越高，逐渐加大通风量，超过 30℃开始通风，低于 25℃闭风。5 月中下旬可以昼夜通风降温降湿。

2. 追肥灌水管理　落葵喜湿耐湿，应经常保持土壤湿润。缓苗后立刻浇缓苗水。前期温度尚低，浇水量宜小，防止降低地温，促进根系发育，一般半个月浇 1 次水。进入采收期，每周浇 1 次水。

缓苗后第 1 次追肥，以后每采收 1～2 次追 1 次肥，每1000平方米随水追施硝酸铵 35～40 千克，或 50%充分腐熟人粪尿1500

千克左右，但棚室栽培追施人粪尿容易污染空气，行间撒施化肥后及时用清水喷洗茎叶，以免烧苗。

3. 中耕除草　定植缓苗后勤松土除草，提高地温，促进生根，并适当培土。

4. 搭架引蔓　搭架栽培的，苗高35厘米左右播直立架，引蔓上架。

加强整枝，落葵在保护地内生长比较旺盛，要经常整理枝蔓，具体方法参照“露地栽培”。

（四）及时采收

保护地栽培采收次数较勤，产量较高，每1000平方米产量约为3000～5000千克。

二、秋季延后栽培技术要点

（一）适时播种

日光温室8月中旬、大棚在7月下旬直播。将前茬清理干净，整地施肥后做成1.2米宽的低畦，浸种催芽后条播或掩播。播后浇透水，覆盖无纺布等保湿。由于生长期比春季短，可适当密些。

（二）加强管理

栽培前期温度较高，加强通风，勤浇水保湿降温。加强中耕除草，及时间苗、定苗、插架引蔓。如果间拔移植或育苗移栽时，定植后立刻遮阴保苗。

第1次采收后开始追肥，追肥后立刻浇水或随水追肥。

进入9月，外温越来越低，逐渐缩小通风口。进入10月应加强保温，10月中下旬日光温室开始加盖草苫、纸被，只短时间通小风降湿。后期减少浇水次数，避免湿度过大引发病害。

其他栽培技术参照“露地栽培和保护地春季早熟栽培技术”。

第五节　落葵病虫害防治

落葵病虫害很少，一般在露地栽培有时会发生褐斑病，在保护地栽培湿度过大时偶尔患灰霉病。

一、褐斑病

褐斑病又称蛇眼病、红点病，鱼眼病。

1. 症状　主要为害叶片，整个栽培期均可发生。发病初期叶片上有紫红色水浸状小圆点，以后逐渐扩展，病斑中部变为灰白以至褐色，稍凹陷，边缘紫褐色，分界比较明显。发病后期病斑连接成片以至干枯。

2. 发病条件　连作或种子带菌容易发病。栽培期间湿度较低时发病较重，因此露地栽培发病较多；在多年的保护地栽培中尚未见发病。

3. 防治方法　加强轮作倒茬，播前进行种子消毒。合理密植，适当提高土壤和空气湿度。

经常巡视田间，一旦发病立刻喷药防治。常用药剂有：65%代森锌可湿性粉剂 600 倍液，或 75%百菌清可湿性粉剂 600～800 倍液，或 50%速克灵可湿性粉剂2000倍液。喷雾要均匀，每 7～10 天 1 次，连喷 2～3 次，最好几种药交替使用。

二、灰霉病

1. 症状　主要侵害地上部，茎、叶、花序均可发病，初期呈水浸状褪绿的不规则病斑，以后出现灰色霉层。

2. 发病条件　高温高湿下易发病。

第十一章 冬 寒 菜

冬寒菜又名冬苋菜、冬葵、葵菜、滑肠菜等，在我国华中、华南、西南都有栽培，吉林省栽培很少。冬寒菜的耐寒力强，栽培简单，露地、保护地均可栽培。

冬寒菜以嫩梢或嫩叶为食用部分，含有各种维生素、矿物质等营养。炒食、做汤皆宜，柔滑清香、鲜美可口，经霜后更加柔嫩。冬寒菜全株都可入药，具有利尿润肠之功效。

第一节 冬寒菜的类型和品种

一、主要类型

（一）紫梗冬寒菜

茎绿色，节间及主脉均紫褐色，叶脉基部的叶片呈紫褐色，叶绿色，七角心脏形，主叶脉 7 条，叶柄较短，叶大肥厚，叶面有皱。生长势强、较晚熟，开花迟，生长期长。

（二）白梗冬寒菜

茎绿色，叶较薄较少，叶柄较大，较耐热，早熟，适于早春栽培。

二、优良品种

1. 大棋盘　根系庞大。茎绿色，节间紫褐色，表面密生白色茸毛，节间长 2～3 厘米。叶片绿色，七角心脏形，紫褐色，叶柄短，密被茸毛。生长势极强，自然生长时株高达 1.3～1.6 米。开花晚，品质比小棋盘稍粗劣。

2. 小棋盘　枝叶形态与大棋盘相似，叶片较小，生长势比大棋盘弱。生长期短，早熟。品质细嫩。

第二节　冬寒菜栽培季节和栽培方式

冬寒菜喜冷凉、湿润条件，不耐高温，一般不适宜夏季高温期栽培。露地栽培分春、秋两作，春季可提前 25 天在大棚、温室或温床中播种育苗，待 4 月中旬露地定植；也可以在 4 月下旬至 5 月上旬在露地直播，播种过早，地温不够，植株生长缓慢，也易过早抽茎开花。秋季于 7 月下旬或 8 月初在露地直播，可收获到 10 月中旬。

保护地栽培可以提前延后，延长供应期。冬寒菜在大棚中栽培，春季提前 25～30 天在温室中育苗，3 月中旬后定植，或 3 月中下旬直播；秋季于 8 月上旬在大棚内直播，一直收获到 10 月下旬至 11 月上旬。日光温室栽培可提前到 2 月上中旬、延后到 12 月中下旬，保温条件好的日光温室冬天也可以生产。但由于低温易先期抽薹，而且保护地栽培投资较大，尤其日光温室成本更高。因此，冬寒菜的栽培较少。

第三节　冬寒菜露地栽培技术

一、春茬栽培

（一）适时播种

1. 育苗移栽　3 月下旬播种育苗。用 5 份马粪、4 份田土、1 份大粪面过筛后混匀，铺入苗床 8 厘米厚，撒匀种子，覆土 0.5～1.0 厘米，浇透水。1000平方米栽培面积需种子 0.75～1.5 千克，育苗床面积 120～150 平方米。

2. 露地直播　4 月末 5 月初露地直播。每1000平方米撒施优质农家肥1500～2000千克，深翻土地 25～30 厘米，整细耙平，做成 1.2 米宽的低畦。开 3 条浅沟，间隔 20 厘米点播 4～5 粒种子，浇透沟水，水沉后覆土1厘米。

（二）苗期管理

出苗前保持土壤湿润，促进出苗，大约1周多能出齐苗。出苗后适当控水，达1叶1心时，密集处适当间苗拔草，当2叶1心时就可以定苗或定植。

育苗的，在定植前要逐渐通风降温、晒苗，加强秧苗锻炼，以适于定植后的环境条件。

（三）定苗或定植

1. 定苗　露地直播栽培的，幼苗2叶1心时定苗，每簇留2～3株苗。定苗后及时浇水稳苗。

2. 定植　1米宽的畦栽4行，株距25厘米，覆土，浇透水。

（四）田间管理

1. 追肥灌水　当定苗或定植缓苗后，及时浇缓苗水。茎叶开始旺盛生长时，轻追肥1次，每1000平方米随水追施硝酸铵15千克。以后每次采收后立刻追肥，每1000平方米每次随水追施硝酸铵25千克左右。根据天气情况进行浇水，冬寒菜喜欢湿润条件，要经常保持土壤湿润，既可增加产量，又能提高产品品质。

2. 中耕除草　在封垄前用小铁丝耙子松土除草两次，提高地温，增加土壤通透性，促进生育。

3. 及时摘心　当植株长到30厘米左右时摘心，所发生侧枝再摘心以促发侧枝。也可以在基部留2～3片叶收获，但这样侧枝发生比摘心来得晚。

4. 病虫害防治　冬寒菜是锦葵科蔬菜，与其同科的蔬菜很少，而且冬寒菜栽培较少，因此不容易连作，病虫害非常少，但有时会有蚜虫发生，应及时防治。

（五）合理采收

冬寒菜主要收获嫩枝，每次采收在基部留2片叶左右待发侧枝，能连续采收到炎热季节，一般每1000平方米可收获2500千克左右。

二、秋茬栽培

（一）整地施肥

将前茬作物的残枝败叶清理干净，每1000平方米施入2500千克优质有机肥做基肥。将土壤深翻 25 厘米，做成 1.2 米宽的低畦，整平耙细。

（二）适时播种

7 月下旬至 8 月初左右露地直播，可撒播，也可以条播，密度比春茬稍密些。

（三）加强田间管理

秋茬栽培，后期温度过低，生长慢，必须保证栽培前期迅速发棵，形成繁茂的枝叶，进入凉冷气候时，随时采收，分期上市。

前期加强中耕除草，追肥 2 次，经常保持土壤湿润，株高 30 厘米摘心，侧枝 30 厘米再摘心，促进生育，增加侧枝。

（四）分期采收

秋茬冬寒菜采收期天气逐渐转凉，产品老化慢，待下轻霜时品质更佳。可根据市场需求分期采摘嫩梢，陆续上市。采收时用剪刀剪收，后期不能再发侧枝，侧枝不再留叶，可从基部直接剪下。

如果播种晚，栽培期短，可以整株一次性采收。

第四节　冬寒菜大棚栽培技术要点

一、整地施肥

每1000平方米施优质农家肥2000～3000千克，深翻土地 25～30 厘米，整细耙平，做成 1.2 米宽的低畦。秋茬整地前要清除前茬的残枝败叶，并用硫黄熏棚消毒。

二、播种

春、秋茬都进行开沟点播，但要比露地播种适当稀些。一般

1簇4～5粒，间距25厘米。播后覆匀土，浇透水。

三、定苗前的管理

出苗前保持土壤湿润，出苗后要见干见湿管理。封垄前勤中耕勤除草，尤其秋茬比较容易形成草荒。

1叶1心时，间苗1次，每簇留3株；2叶1心时，每簇留2株定苗，间苗或定苗后立刻浇水稳苗。

结合间苗进行移栽，将间拔下的幼苗选找健壮者单株或2～3株1簇定植于栽培畦中，定植后浇透水。

春茬播种后，外界气温尚低，应加强保温，白天保持25℃以上的高温、夜间13℃～15℃左右，温度不超过30℃不通风。出苗后白天降到20℃，夜间10℃左右。需要通风时，开门或扒小缝通风。

秋茬播种时，气温较高，注意大通风降温。育苗移栽时注意遮阴，以促进缓苗。

四、定苗后的管理

（一）肥水管理

大棚栽培，生长量大，产量高，需肥水量大。一般定苗后茎叶进入快速生长期，开始追肥灌水，每1000平方米随水追施硝酸铵20千克，以后每收1次追施25～30千克。

春茬定苗后，天气越来越热，7～10天浇1次水，到盛收期3～5天浇1次水。秋茬生长前期常浇水，到后期逐渐减少灌水量，临结束前半个月浇透水后，不再浇水。

（二）中耕除草

定苗后封垄前再中耕除草1～2次，封垄后大草用手拔除。

（三）通风换气

春茬栽培的后期和秋茬栽培的前期要加大通风量，外界最低气温10℃左右时昼夜通风。秋季当外温降至5℃～8℃时，逐渐缩小通风口，到10月晚上闭风，10月中旬以后白天通风量越来越少，至11月基本闭风保温，只短时间开门排放湿气。

五、适时采收

植株 30 厘米左右时留基部 3 片叶左右割收，侧枝 25～30 厘米时基部留 1～2 片叶采收。留叶过多，营养分散，侧枝发生慢而细弱。

秋茬冬寒菜到采收后期可适当多留侧枝，以备上冻前分期采收上市。

棚栽冬寒菜，每1000平方米产量约3000千克。